教育部人文社会科学研究专项任务项目（高校思想政治工作）资助
《青年学生网络道德失范行为的现状分析及纠偏路径研究》，项目编号18JDSZ1009

青年学生网络道德
失范行为及纠偏

潘红霞　江志明 ◎ 著

中国社会科学出版社

图书在版编目（CIP）数据

青年学生网络道德失范行为及纠偏／潘红霞，江志明著．—北京：中国
社会科学出版社，2020.11

ISBN 978-7-5203-7507-8

Ⅰ.①青… Ⅱ.①潘…②江… Ⅲ.①学生—互联网络—道德规范—中国
Ⅳ.①B82-057

中国版本图书馆 CIP 数据核字（2020）第 229266 号

出 版 人　赵剑英
责任编辑　周怡冰　任　明
责任校对　李　莉
责任印制　郝美娜

出　　　版　中国社会科学出版社
社　　　址　北京鼓楼西大街甲 158 号
邮　　　编　100720
网　　　址　http://www.csspw.cn
发 行 部　010-84083685
门 市 部　010-84029450
经　　　销　新华书店及其他书店

印刷装订　北京君升印刷有限公司
版　　　次　2020 年 11 月第 1 版
印　　　次　2020 年 11 月第 1 次印刷

开　　　本　710×1000　1/16
印　　　张　13.5
插　　　页　2
字　　　数　225 千字
定　　　价　85.00 元

前　　言

　　网络已经渗透到人们生活的方方面面，是我们日常生活的重要载体，可以说我们已经进入了"一网走天下""一网打尽"的新时代。网络以其去中心化、超地域性等特征正在将世界变成地球村，原先生活在不同区域、国家和地区，具有不同兴趣爱好和利益诉求的网民瞬间变成了"电子邻居"。

　　我国正在走向网络强国。习近平总书记在 2014 年 2 月主持召开中央网络安全和信息化领导小组第一次会议并发表重要讲话。习近平总书记指出："要从国际国内大势出发，总体布局，统筹各方，创新发展，努力把我国建设成为网络强国。"世界互联网大会在我国已经连续举办了七届。2019 年 10 月 20 日习近平主席致信祝贺第六届世界互联网大会开幕，着重指出："当前，新一轮科技革命和产业变革加速演进，人工智能、大数据、物联网等新技术新应用新业态方兴未艾，互联网迎来了更加强劲的发展动能和更加广阔的发展空间。"

　　根据中国互联网络信息中心（CNNIC）发布的第 46 次《中国互联网络发展状况统计报告》（2020 年 9 月 29 日）显示，截至 2020 年 6 月我国网民的规模已经达到 9.4 亿，互联网普及率达到 67%。庞大的网民构成了中国蓬勃发展的消费市场，也为数字经济发展打下了坚实的用户基础。我们可以不用带着现金、钥匙出行，只要有手机在手就可以行走天下。在平时生活中，在线教育、在线政务、网络支付、网络视频、网络购物、即时通信、网络音乐、搜索引擎等 App 应用的用户规模增长迅速，自 2018 年以来年均增幅超过 10%。可以说，互联网应用在我国已是"旧时王谢堂前燕，飞入寻常百姓家"。

　　贯彻落实好习近平总书记关于"构建网络空间命运共同体"的重要思想，首先要保障网络的健康发展，"构建网络空间命运共同体"的时代号召对于网络道德建设领域而言是机遇也是挑战。随着互联网的发展和普及，中国社会的各个领域都发生了翻天覆地的变化，网络道德领域亦然如此。我们在享受网络带来的便利的同时，网络世界的匿名性、去中心化、去边界化、扁平性等特征也导致了诸如网络色情、网络诽谤、网络侵权、网络欺骗、网络滥用、网络抄袭、网络暴力、流言和无聊信息泛滥等网络道德失范的产生。一系列网络道德失范行为和现象挑战着网络社会赖以维系和发展的规则基础，对现实社会中的道德行为也产生了巨大影响。面对网络道德行为方面的新问题、新现象，现有的零碎化、应急性的应对方式已远远不能满足当下的要求。因此，有必要对网络道德失范进行有针对性的、系统性的研究，对网络道德失范开展行之有效的规范和纠偏，净化网络道德环境，创造出一个健康、和谐的网络清朗空间。

网络空间是亿万民众共同的精神家园。网络空间天朗气清、生态良好，符合人民利益。① 但是毋庸讳言，网络道德现状是不容乐观的，甚至呈现出了各种新的困境和危机。在"构建网络空间命运共同体"视域下，直面当下网络道德领域存在的现实问题，并提供相应的应对对策和解答，推动网络空间领域公平正义、尊重有序、创新共享，让互联网能够更好地造福人类成为亟待解决的问题。近年来，国家也日渐意识到要加强网络治理。2019 年 10 月，由中共中央、国务院印发实施《新时代公民道德建设实施纲要》，明确指出要加强网络内容建设：要深入实施网络内容建设工程，弘扬主旋律，激发正能量，让科学理论、正确舆论、优秀文化充盈网络空间。发展积极向上的网络文化，引导互联网企业和网民创作生产传播格调健康的网络文学、网络音乐、网络表演、网络电影、网络剧、网络音视频、网络动漫、网络游戏等。加强网上热点话题和突发事件的正确引导、有效引导，明辨是非、分清善恶，让正确道德取向成为网络空间的主流。并进一步指出要营造良好网络道德环境：加强互联网管理，正能量是总要求，管得住是硬道理，用得好是真本事。要严格依法管网治网，加强互联网领域立法执法，强化网络综合治理，加强网络社交平台、各类公众账号等管理，重视个人信息安全，建立完善新技术新应用道德评估制度，维护网络道德秩序。开展网络治理专项行动，加大对网上突出问题的整治

---

① 习近平：《在网络安全和信息化工作座谈会上的讲话》，《人民日报》2016 年 4 月 26 日第 1 版。

力度，清理网络欺诈、造谣、诽谤、谩骂、歧视、色情、低俗等内容，反对网络暴力行为，依法惩治网络违法犯罪，促进网络空间日益清朗。

　　青年学生作为"第一代网络原住民"，是网络空间的主体力量，也是网络生活中最主要、最活跃的群体。网络已成为青年学生生活的自然组成部分，网络社会作为一种新的生存方式极大地拓展了青年学生的发展空间，提供了成长机遇。但是，事物往往具有两面性，互联网带来自由便利的同时，也存在失范失控的风险。青年学生由于缺乏社会经验、心理不够成熟等各种原因，也会在网络社会中做出各种道德失范行为。因此，深刻剖析青年学生网络道德失范行为，加强青年学生的网络道德教育，提升青年学生的网络道德水平，促使青年学生形成正确的网络道德伦理观，不仅能够净化网络空间，营造良好的网络生态，建立网络道德新秩序，培育健康向上向善网络文化，而且能够促进青年学生身心健康发展。这也是本研究的目的和意义所在。

目　录

第一章

网络道德概述

自 20 世纪 60 年代末 70 年代初互联网诞生以来，人们陆续开始了对网络道德的研究，对网络道德的内涵和外延的认识也在不断更新和扩展中。网络道德与现实道德既有联系又有区别。人们在网络社会生活中需要遵循一定的网络道德准则，正确行使自己的网络道德权利以及履行相应的网络道德义务，从而共同促进健康、有序、和谐的网络空间的形成。

第一节　道德与网络道德

一　道德的本质

先秦思想家老子所著的《道德经》一书对道德进行了阐述。老子说："道生之，德畜之，物形之，势成之。是以万物莫不尊道而贵德。道之尊，德之贵，夫莫之命而常自然。"其中"道"指自然运行与人世共通的真理；而"德"是指人世的德性、品行、王道。正是因为万物由"道"而生，由"德"而养，故而天地万物没有不遵奉道和德的。"道德"二字连用始于荀子《劝学》篇："故学至乎礼而止矣，夫是之谓道德之极。"《论语·学而》："其为人也孝弟，而好犯上者，鲜矣；不好犯上，而好作乱者，未之有也。君子务本，本立而道生。"钱穆先生的注解："本者，仁也。道者，即人道，其本在心。"可见，道德所针对的主要是人的内心和行为。

西方的道德（moral）一词源于拉丁文"moralis"，意为风俗、习惯、品性等。苏格拉底提出：美德即知识，倡导人们掌握了知识就等同于拥有了美德。霍布斯在其著作《利维坦》中指出：道德源于人的自保。因此在自然情感的催发下，人们处于自爱的本能做出是非善恶的道德评价或者付诸某种道德行为。休谟进一步提出："自爱是人类本性中的一条具有如此广泛效能的原则，每一单个人的利益与社会的利益一般是如此紧密地联系在一起，以致那些幻想对公共的所有关怀都可以分解成对我们自身幸福和自我保存的关怀的哲学家，都是可以原谅的。"①

自 20 世纪以来，道德发展成为心理学理论研究的热点，行为主义、精神分析学说等理论学者纷纷研究道德心理。其中，重要的代表人物有弗洛伊德、皮亚杰等，他们各自做了理论阐释和研究。尽管各大学科门类对道德的理解各有侧重，但总体而言是一致的，都认为道德是一种用以调节人与人之间的社会关系的社会规范和行为准则。正如恩格斯所说的"在这里没有人怀疑，在道德方面也和人类知识的所有其他部门一样，总的来说是有过进步的"②。道德也是为了人与社会和谐相处存在的，"人需要道德，但是它不应是反对人自己的道德，而应是有利于人的生存发展的、正确范导人的活动、协调人际关系和推动社会发展的道德"③。

二　网络道德概述

自 20 世纪 60 年代末 70 年代初互联网诞生以来，国外学者就开始了对网络道德的研究。在英文词汇中，道德一词与伦理（ethics）极为相近，国外的网络道德研究多表现为对网络伦理的论述。早在 20 世纪 40 年代，被称为计算机伦理学创始人的美国诺伯特·维纳（Norbert Wiener）就提出了计算机对人类价值的影响。20 世纪 70 年代中期，美国应用伦理学家迈纳（Walter Maner）首先提出了"计算机伦理"这个术语，由此开始了对计算机伦理的研究。迈纳在大学开设了计算机伦理学课程，并于 1978 年出版了《计算机伦理教育入门》，从而奠定了网络道德研究的基础。到了 20 世纪 80 年代中期，计算机伦理学、网络伦理学、信息伦理学等研究成果开始大量出现，如摩尔的《什么是计算机伦理学?》、罗格逊和拜努的《信息伦理学：第二代》等均对网络道德进行了进一步探索。随后，网络伦理教育开始在西方铺展开来。美国的杜克大学在 1996 年正式开设了"伦理学与国际互联网络"课程。

2006 年，澳大利亚学者汤姆·弗雷斯特和佩里·莫里森合作撰写了

---

① ［英］休谟：《道德原则研究》，曾晓平译，商务印书馆 2006 年版，第 69 页。
② 《马克思恩格斯全集》第 20 卷，人民出版社 1971 年版，第 103 页。
③ 龚天平：《人的全面发展的道德维度》，《哲学研究》2006 年第 4 期。

《计算机伦理学——计算机学中的警示与伦理困境》一书，对网络道德伦理问题进行了总结，将网络道德伦理问题分诸如"计算机犯罪和计算机安全问题、软件盗版和知识产权问题、黑客现象和计算机病毒的制造、计算机的不可靠性和软件的质量问题"等七类。[①] 美国计算机伦理协会制定了十条道德戒律，即著名的"网络伦理十诫"：1. 你不应当用计算机去伤害别人；2. 你不应当干扰别人的计算机工作；3. 你不应当偷窥别人的文件；4. 你不应当用计算机进行偷盗；5. 你不应当用计算机作伪证；6. 你不应当使用或拷贝没有付过钱的软件；7. 你不应当未经许可而使用别人的计算机资源；8. 你不应当盗用别人的智力成果；9. 你应当考虑你所编制的程序的社会后果；10. 你应当用深思熟虑和审慎的态度来使用计算机。这些计算机信息与网络伦理道德准则，值得我们认真分析和借鉴。

相比于国外学者对网络伦理进行宏观论述，国内研究者则聚焦网络道德本身的探讨。陆俊、严耕和孙伟平（1998）合著了《网络伦理》，详尽介绍了网络道德的特点、网络道德基本原则、网络道德教育与管理等，成为我国研究网络道德伦理的开端。在该著作中，研究者将网络伦理界定为：人们通过电子信息网络进行社会交往时而表现出来的道德关系。[②] 一些研究者则从网络道德的不同特征出发，对网络道德进行了界定。

首先，从网络道德的社会功能出发，李士群（2001）认为，网络道德主要是通过引导和约束网上人与人之间的行为，以求保障网络的正常运行。[③] 刘利萍（2002）认为："网络道德就其实质而言属于社会公德，网络是人类的共同财富，每一个上网的人都有从网上获得收益的机会和权利，从信息获得的广泛性来说，所有网民均需共同遵守规则，建立良好的网络秩序。"[④] 李伦（2002）在《鼠标下的德性》中讲道，网络社会对人的现代精神的重塑概括为五个方面：共享与自由、信息与知识、互助与奉献、自主与平等权、开放与兼容，充分肯定了网络对于人类现实道德精神的价值。[⑤] 尹翔（2007）认为，"网络道德是以善恶为标准，通过社会舆

① ［澳］汤姆·弗雷斯特、［澳］佩里·莫里森：《计算机伦理学——计算机学中的警示与伦理困境》，陆成译，北京大学出版社 2006 年版，第 79 页。

② 陆俊、严耕、孙伟平：《网络伦理》，北京出版社 1998 年版，第 13 页。

③ 李士群：《网络道德》，北京交通大学出版社 2001 年版，第 147 页。

④ 刘利萍：《网络道德与网络安全》，《贵州大学学报》（社会科学版）2002 年第 4 期。

⑤ 李伦：《鼠标下的德性》，江西人民出版社 2002 年版，第 1—5 页。

论、内心信念和传统习惯来评价人们的上网行为，调节网络环境下人与人之间以及人与社会之间关系的行为规范。"① 孙立新（2008）认为："网络道德的实质从功能上看就是通过引导和约束人和人之间的行为，达到保障网络正常运行的目的。"②

其次，从网络道德的特征出发，李玉华、闫峰（2011）认为，网络道德是基于网络技术而产生的新型道德，是现实道德在网络社会的延伸，它更加注重社会舆论、风俗习惯等力量，以自己的善恶标准去调节网民关系及其网络行为。③

最后，从网络道德发展路径出发，黄河（2018）认为，道德在网络虚拟社会这一崭新的社会场域中发生了重大而又深刻的演变，逐步形成了与人们虚拟化生存相适用的新的道德体系——网络虚拟道德。④

当前，以互联网为代表的现代科技改变了人类生存和发展的方式。随着网络社会的到来，人的生存空间不断扩展，延伸到网络虚拟空间，人们的思维、意识、行为范式也发生了改变。人们对网络道德属性的认识也在不断更新和扩展中，对网络道德的研究范围也从网络媒介、使用方式、网络传播等逐渐拓展到网络社会行为、虚拟社区、网络语言、网络文化、网络民主、网络沉溺、网络直播等方面。

三　网络道德的内涵

与传统的现实道德相比，网络道德有其自身的独特特征。

首先，网络道德具有科技依赖性。网络道德是依托于互联网科技发展而形成的，其活动空间包括电脑网络、手机 App 等，还涉及各种网站、论坛等。这些网络空间的匿名性、高互动性使得网络道德区别于现实道德。

其次，网络道德具有多元性。网络道德生成于具有公开性、非独占性特征的网络虚拟空间中。因此，网络道德不但更加自由地传承创新道德观

---

① 尹翔：《网络道德初探》，《山东社会科学》2007 年第 7 期。

② 孙立新：《浅谈当前网络道德的特征及其规范》，《辽宁师专学报》（社会科学版）2008 年第 1 期。

③ 李玉华、闫峰：《大学生网络道德问题研究现状与思考》，《思想教育研究》2011 年第 11 期。

④ 黄河：《网络虚拟道德的内在理论及其论域》，《理论导刊》2018 年第 9 期。

念，还允许不同道德观念、规范的相互碰撞、交流和共同发展，呈现出从一元独尊到多元共存的发展特点。

再次，网络道德还具有开放性。网络道德以开放姿态的集百家之言、纳各派之长，兼容并蓄，在一定程度上减弱了风俗习惯的影响，呈现出从故步自封到开放包容的发展特点，在发展道路上区别于其他道德。

当然，网络道德虽然是现代高科技发展的产物，与传统的现实道德有着较大区别，但仍然是以现实客观世界为基础而发展起来的，网络道德是对传统现实道德的丰富完善和有益补充，是对传统现实道德的拓展与升华。在这个意义上，网络道德是人们的社会关系和共同利益在网络空间的一种反映，是以真善美为标准，通过网络舆论、信念和习惯来评价网民行为，调节网络空间中网民之间以及网民与社会之间关系的行为规范的总和。

四　网络道德的基本特点

（一）主体的隐蔽性

在网络社会中，网络道德的主体具有隐蔽性。与现实社会中的道德不同，网络是一个虚拟平台，网络使用者可以在虚拟的环境中用虚拟的身份、性别、年龄进行互动交流，真实、具体的身份被一个个昵称或者一堆符号取而代之。因此，在网络中很难找到网络信息的真正来源，具有一定的隐蔽性。

（二）行为的随意性

网络的开放包容性使得网民的网络道德行为更加随意和自由。身处这样的网络时空中，网民们面对着各种各样的诱惑，容易变得迷失自我和失去控制力，进而更加放纵自己的言行。有时候，一个人在网络与现实中的行为可以说是判若两人。因此，与现实社会道德比较，网络道德具有行为随意性的特点。

（三）虚拟创造性

虚拟性特征是网络最基本的属性。在虚拟的网络时空中，一方面，它是现实社会的延伸和发展；另一方面，它又是各种代码符号组成的虚拟世界。网络的虚拟创造性为人类想象力和创造力的充分发挥提供了一个巨大的自我展现平台和文化生活空间。

（四）开放包容性

网络社会具有全球化、超地域和跨文化特性，它使得网民生活逐步进入一个全面开放的虚拟世界。网络具有的开放性使得网民们参与社会事务没有了由社会身份、地位、性别带来的障碍。网络技术的发展使得网民可以自由平等地参与网络实践活动。在此环境下，中心性、权威性和主流性等固有的文化强势被弱化甚至消解，显示出网络社会的开放包容性。

（五）共享多元性

在网络社会里，网民可以平等、无障碍地共享、交流、互惠。在网络世界里，国家文化与民族文化、传统文化与流行文化、精英文化与大众文化、高雅文化与低俗文化，各种纷繁复杂的多元文化群落都可以在网络时空中呈现，形成各种文化多元、共享和交融的场景。网络的多元共享性使其既接纳了世界各地的不同类型、层次的优秀文化，也为不良文化和失范行为提供了栖身场所。

（六）自律自控性

网络社会低门槛的特点可以实现全民参与和互动。在网络时空中，任何人都可以根据所需获取信息资源，可以突破时空和地域限制，自由地表达思想观点和利益诉求。网络的自由开放性使得网民们的行为更需要自律和自控约束。能坚持自我监督、内省和克制，自觉地按照道德准则来严格要求和规范自己的网络言行。从这点而言，慎独自律是网络道德的目标要求。

（七）行为的复杂性

网络社会高度的开放性使得各种各样的网民都在网络中遨游。网络的虚拟性使得网民的网络行为带有一定的隐蔽性，这使得网络犯罪、网络暴力、人肉搜索、传播色情信息、网络谣言等失范行为往往相互交织，表现出行为的复杂性和多样化。

（八）影响的广泛性

网络道德失范行为的影响力比现实社会道德失范行为更加深远和广泛。随着互联网高新技术的发展，网络的传播速度也愈来愈快，加上网络的信息化功能可以把不同的事件、人物联系在一起，这就导致网络道德失范的负面影响范围比现实社会道德失范行为更为广泛，扩散也更为迅速。

五　网络道德的作用

网络道德对网络社会良好秩序的建立具有十分重要的意义和作用。

首先，网络道德对网络社会的健康有序发展起着积极的推动作用。网络道德有利于主体正确认识网络社会的价值意义、言行规范，自觉地把握网络中是非、善恶、荣辱、美丑的界限和标准，并在网络生活中做到心中有尺、心中有戒、心中有畏。

其次，网络道德内含的公共约定、条例、准则对网民、网络平台等都具有约束、规范的作用，使得各主体按照相关规范理性地进行网络生活交往。这有利于调节网络社会主体间的关系，协调现实的人与虚拟社会的关系，进而形成稳定、和谐的网络秩序和规则。

再次，网络道德对网民具有引领思想认识、规范网络言行的作用。在网络道德的指导、规范下，在网络生活中相互进行网络道德纠偏，进而形成和谐的网络氛围，加强网络正能量传播，形成和谐稳定的网络氛围。

最后，网络道德有利于促使网民自觉遵守网络公德，养成良好网德，能够有效地预防网络道德失范行为的发生，减少负面行为，促进网络道德的养成，从而使网民客观、正确地认识网络社会正向的一面，积极、正确利用网络科技为社会创造价值和做出贡献。

第二节　网络道德与现实道德

一　网络道德与现实道德的联系

道德是一定社会背景下人们基本的行为规范，它赋予人们在动机或行为上的是非善恶判断之基准。作为调节人与人之间社会关系的道德，是一定社会经济基础和社会生活的反映，是在特定的人类交往中形成并随着生产生活方式的变化而变化。马克思在《法兰西内战》中指出："财产的任何一种社会形式都有各自的'道德'与之相适应。"① 网络社会不同于现实社会，网络社会中的网民也和现实社会中的公民不同。首先，网民的信息不明确。同一个人在网络社会可以有多个账号和不同身份。其次，在行为上现实社会中的人总要受到法律、道德、制度等约束，大多数行为是符合社会道德的，而网络社会中的网民的隐蔽、匿名的特性决定了他们的行为具有很大的任意性、隐蔽性。但不可否认的是，网民也是公民，网络社

---

① 《马克思恩格斯文集》第 3 卷，人民出版社 2009 年版，第 214—215 页。

会只是现实社会的延伸和扩展，网络社会中出现的任何问题都能够在现实社会中找到根源，也都必将会最终影响和危害现实社会。由此可见，网络社会与现实社会不是对立的，而是有着密切的相互关系，网络社会的良好运行和健康发展对于现实社会进步能够起到促进作用。

正如网络社会应当是现实社会的延伸，网络道德也应当是现实社会道德在网络社会中的延伸和发展。网络道德"必须以现实道德作为客观参照系来设计，这样，虚拟道德才不至于成为无源之水、无本之木"。[①] 网络道德是伴随着互联网新技术和网民使用行为而产生的，从本质上来说也是人类社会进步发展带来的。网络道德应当以现实社会道德为依据进行建构，这样才能从整体上促进人类社会的发展，因此，网络道德与现实道德在原则上是一致的，无论是网络道德意识还是网络道德行为，都依赖于真实的行为主体——人，而这个人又必须依托于现实的社会。此外，网络道德与现实道德之间存在着互动，是作用与反作用的关系。[②]

网络道德和现实道德的联系主要体现在以下几个方面。

首先，两者的行为主体是一致的。从哲学角度来看，人是一切社会关系的总和。在现实社会中，人类社会交往主体是人。在网络世界里，虽然人们是通过网络等介质实现了人与人的交往，在交往中使用的方式、方法与现实生活存在一定差异，但起决定性作用的终端还是人的思维和情感，人与人之间的行为仍然需要道德规范和行为准则来加以调节。所以说，不管是现实社会还是虚拟的网络社会，主体都是人本身，都需要依靠道德来维系和调节。只要存在于社会关系中，维护和发展社会关系就必须遵守道德。

其次，两者的约束作用是一致的。道德是人们共同生活及其行为的准则和规范，道德对社会生活起到约束作用。一个人的不道德的行为在现实社会中会受到约束和谴责，这在网络社会中同样存在。尽管网络社会道德失范行为表现出不同的形式，网络社会的不道德行为的评判标准依然采用的是现实社会中的规范和准则，加以约束和制约。不论是在现实社会中还是在网络社会，道德规范都是对人的行为的约束，所以它们的约束作用是一致的。

---

① 殷正坤：《虚拟与现实》，《光明日报》2000 年 3 月 28 日第 3 版。

② 向元琼：《论高校思想政治工作对大学生网络道德教育的实现》，《前沿》2012 年第 22 期。

再次，两者都产生于人的需要。无论是网络道德还是现实社会道德，都是人的实践需要的产物，并与人的存在状况密切相关。马克思在《〈政治经济学批判〉导言》中说："人是最名副其实的政治动物，不仅是一种合群的动物，而且是只有在社会中才能独立的动物。"马克思深刻论述了人与社会的辩证关系。人对创造性、超越性的不懈追求，推动了历史的发展也促使人本身的生存状况不断改变，使人更加全面和自由地发展。无论在现实道德还是网络道德的约束环境中，作为道德主体的人其超越性、创造性的本质并不会就此改变，都产生于人的实践需要。

二　网络道德与现实道德的区别

网络道德和现实道德两者还是存在一定的区别，主要表现在以下方面。

首先，起源和发展方式不同。现实道德是随着人类进化而产生的人与环境的结果，而网络道德是随着网络的产生而发展的。2019 年是互联网诞生 50 周年，也是我国全功能接入国际互联网 25 周年。在这 50 年里，无论是世界还是中国，或是互联网本身都经历了波澜壮阔的大变革、大发展，网络道德也随之发展和进化。

其次，时空环境不同。现实道德是源于人类真实的社会环境，维系和调节人与人、人与群体、人与社会之间的关系，道德意识和道德行动在同一时空下进行。而在网络时空里人与人不再是面对面的交往，而是网络作为中介和桥梁来实现人与人的交往，网络时空中的道德意识和网络行为可以是即时的，也可以是延时的，表现为可以时空交错进行。

三　网络道德与现实道德的辩证关系

网络道德与现实道德是辩证统一的关系，两者之间既相互影响又相对独立，既紧密相连又存在区别，相互作用丰富了道德的内涵和外延，共同推动了道德的发展和进步。网络道德与现实道德是人的社会属性与自然属性在网络和现实社会中的体现，二者之间既对立又统一，处于一种不断生成、转化、发展与超越的过程当中。①

---

① 奚冬梅、王民忠：《网络道德与现实道德的哲学关系辨析》，《学校党建与思想教育》2013 年第 1 期。

现实道德对网络道德具有主导作用。现实道德是现实社会生活中既有的对人们日常行为的准则规范和影响，具有一般性和整体性，它对社会各个层次的人的道德行为都具有普遍的约束和激励作用。网络道德是现实道德在网络空间内的延伸和拓展。网络道德源自现实生活中的道德体系，以现实社会中的人类道德需求和道德规则为根本依据。因此，现实道德对网络道德有着引导、调节、规范和评价等主导功能。

网络道德对现实道德也具有积极的推动作用，网络道德的有序性和道德水平直接影响现实道德的稳定和水平。社会道德体系中，网络道德与现实道德二者各取所长，现实道德对网络道德观念、价值和规范具有很强的基础作用，网络道德对现实道德既是一种延伸，又是一种超越和创造。正如恩格斯在《自然辩证法》中指出的，"一切运动的基本形式都是接近和分离、收缩和膨胀，——一句话是吸引和排斥这一古老的两极对立"。网络道德与现实道德两者之间你中有我、我中有你，处于持续的相互转化、相互作用的过程当中，共同丰富道德的内涵和外延，引领道德发展新方向。

第三节　网络道德的准则、权利和义务

一　网络道德准则

网络道德基本原则应当立足于网络社会的实际发展情况，依照其内在的逻辑加以构建。比彻姆（Beauchamp）和查尔瑞斯（Childress）在其著作《生物医学伦理学原则》中提出了自主原则、不伤害原则、有利原则和公正原则四项原则。上述原则不仅适用于生物医学伦理学，在网络伦理学中也可使用。美国学者斯皮内洛在《信息技术的伦理方面》一书中提出，计算机伦理是非判断应遵守三条规范性原则：自主原则、无害原则和知情同意原则。我国学者严耕、陆俊和孙伟平在《网络伦理》一书中提出，可以采用全民原则、兼容原则、互惠原则和自由原则等四项原则作为网络伦理的基本原则。此外，还有其他一些学者提出了尊重、知情同意等原则。

（一）不伤害原则

理查德·斯皮内洛在其著作《铁笼，还是乌托邦》中指出："不伤害

原则可以最好地概括为一个道德禁令：'首先，不要伤害。'根据这一核心原则，人们应当尽可能地避免给他人造成不必要的伤害或损伤。这个不得伤害他人的消极禁令有时称为'道德底线'。"即使是不同的国家、不同的民族所选择的道德准则并不相同，但在各项原则中首先都是无伤害原则。网络道德的不伤害原则认为，网络行为应以人类的共同利益为终极目的，无论动机如何、行为的结果是否有害，都应该成为判别道德与不道德的基本准则。网络行为不应当造成伤害，结果的伤害就是不道德。如网络中的"人肉搜索"行为，参与搜索的主体在进行搜索的过程中不应当伤害到被搜索者及其家人的正常生活和合法利益，否则即使该"人肉搜索"行为是出于正义的目的，仍会被视为不道德的。

（二）尊重平等原则

网络道德的尊重原则是指当网络主体的网络行为涉及他人时，应尊重他人的平等和自主权利。平等原则指在网络道德规范面前人人平等，在网络社会中每个网民都是平等的个体，都具有其独特的价值，也都享有自主的权利。每个网络主体在进行网络活动时，都应尊重他人的价值平等和自主平等，都应遵守道德规范。

（三）知情同意原则

"同意"是主体对某事自愿表示出意见一致的意愿。要使同意有意义，前提必须是主体知情，即主体知道即将发生的事件的准确信息并了解后果。例如，出于个人隐私的安全保护，为了某一目的而采集的信息在信息主体知情并同意之前，就不能用作其他目的。只有在公民、法人或其他组织的知情权得到充分的保障后，其根据所获得的信息和自身的具体情况，进行自主选择与决定做出同意，才是符合其自主意愿的。尤其是当下网络时代大数据的广泛应用，平台为了获得更多的流量，对网民主体的信息进行采集和推送，主体在不知情的情况下信息就被流转和泄露，这实际上违反了知情同意原则，是网络道德失范的具体表现。

（四）互惠互利原则

网络道德的互惠互利原则是指任何一个网络主体必须认识到，他（她）既是网络信息和网络服务的使用者和享受者，也是网络信息的生产者和提供者。网民享有网络社会交往的一切权利时，也应承担网络社会对网民所要求的责任。网络服务是双向的，网络主体间的关系是交互交织式的，权利和义务呈现出对等性。互惠互利原则集中体现了网络行为主体道德权利和义务的统一。作为网络社会的主体，必须承担社会赋予的责任，为网络提供有价值的信息，有义务通过网络帮助别人，也有义务遵守网络的各种规范以推动网络社会稳定有序的运行。当然，履行网络道德义务并不排斥行为主体享有各种网络权利。

（五）公共社会性原则

网络道德的公共社会性原则是指网络的行为主体应当遵守其所在社会的公共秩序，并符合当前历史条件下的社会善良风俗，不得违反国家的公共秩序和公共社会性价值。网络社会的发展日新月异，有些行为可能会符合无害原则，没有对他人的利益产生直接或者间接的伤害，而且会得到对方当事人的同意和许可，甚至有可能会对行为的双方均带来利益，但是该行为有可能会与当前的公序良俗相违背，此时便需要公序良俗原则加以规范和调整。

二　网络道德主体的权利和义务

网络道德主体是指在使用、建设、管理网络过程中既有一定的道德需求，享有一定的网络道德权利，同时又必须承担相应的道德义务的个人或组织。考虑到网络道德存在着多个主体，本节专门讨论个人作为网络道德主体所享有的网络道德权利和承担的义务。

（一）网络道德权利

网络道德权利通常指由网络道德体系所赋予的，由相应的义务所保障的主体应得的正当权利。网络道德权利有三个重要特征：第一，网络道德权利与网络道德义务紧密相连。如果我有权利让他人为我在网络上做某事，那么他人就有为我做这件事的义务。第二，网络道德权利使每个人都能自主、平等地追求自身的网络利益。承认个人有网络道德权利，就是承认在网络领域中个体是自主平等的。第三，网络道德权利为确保一个人网络行为的正当性和要求他人的保护或帮助提供了基础。如果我有权利在网络上做某事，那么我就有做这事的道德理由，他人就没有理由来干涉我。相反地，他人有理由对妨碍我履行网络权利的人进行制止或有义务帮助我履行网络权利。网络道德权利是一种无形的"软权利"，并不直接体现为物质和人身安全的得失。这种网络道德权利主要体现在主体在使用网络的过程中被认可、受尊重、被鼓励等。

一般来说，网络道德主体的权利包括以下内容。

1. 浏览权。浏览权指的是主体可以公开访问浏览网络信息的权利。这种权利只在侵犯他人隐私的情况下受到限制。网络的存在和发展的原因和动力就在于它为人类行为提供了信息爆炸的空间以及充分施展各种能力平台，人们在网络中获得前所未有的时间和空间的扩展。

2. 表达权。表达权指的是网络为主体的自由便捷表达提供可实现的载体。表达权利的获取激发了主体的表达热情，让人们不再停留于消费网络信息，而是不断参与到网络事件发展和多元舆论空间缔造之中。

3. 交流权。交流权指的是主体拥有利用网络进行信息传播和交流的权利，如网上购物、交友、网络游戏、网络直播、网络转发评论等。网络交流权包括网络主体能从任何地方得到任何（非特权）信息的权利；控制和授权知识产权的权利；给任何人发送任何合法信息的权利；在任何网络场所出版任何合法信息的权利。当然，在其损害侵犯知识产权时，个体的交流权应该受到限制。

4. 隐私权。合理的个人网络隐私权是人的基本权利之一，应该得到有效的保障。网络已深深地融入人们的生活，人们会在网络上工作、娱乐、交往并且发挥社会作用，而由于网络信息收集的便利性，人们在网络上的行为极可能会"裸奔"。如果这些信息不能被保护，个人隐私权将受到极大的侵犯。此外，网络隐私权还表现在主体在网络上发布信息，拥有加密、解密或者选择公开、半公开的权利，如在朋友圈进行信息分组发送等就是主体拥有隐私权的表现。

5. 共享权。信息资源正通过网络为大众所共享使用，如医疗、教育、卫生等信息。网络信息资源共享体现出权利的平等，信息共享权实现了信息使用价值被无限放大，充分发挥了信息潜在的价值。因此，在网络社会中，信息是最重要的社会资源，在尊重保护知识产权不被侵犯的前提下，应该鼓励信息共享，实现主体信息共享权。

6. 其他权利。除了上述权利以外，还有一些没有明确界定的权利，这些权利受到公序良俗的制约和调整。

（二）网络道德义务

网络道德义务是指在网络上不伤害他人和规范自己的一种网络行为准则，是个人对他人、集体和网络社会应尽的网络道德责任。网络道德义务与网络道德权利是对立统一的关系。

网络道德义务是主体对自己、他人和网络社会所应履行的责任、使命与任务，通常以有关的法规条文或人们心目中共同认可的网络道德规范、习俗的形式表现出来，主要依靠舆论、习惯和网民自觉自愿来履行。网络道德义务不同于网络法定义务，两者有联系又有区别，法定义务是由国家法律规定的，而网络道德义务是在网络社会生活中逐步形成的。不仅如此，有些网络道德义务已成为法定义务。

一般来说，网络道德主体的义务包括以下内容。

1. 自觉遵守网络道德规范和相关法律。尊重主体实现网络道德权利，这既是法律义务也是道德义务。这包括遵守网络相关法律、法规；不得利用网络从事危害国家安全、泄露国家秘密等犯罪活动；不得利用网络查阅、复制、制造和传播妨碍社会治安和淫秽色情的信息；不得利用网络从事危害他人、侵犯他人合法权益等活动。

2. 敢于同网络不良行为作斗争，维护网络秩序稳定。面对网络社会中存在的种种道德失范行为，如"人肉搜索"、侵犯他人隐私、网络诈骗、网络谣言、网络暴力等，网民要敢于制止，自觉履行维护网络良好秩序的义务。

3. 积极倡导文明上网。养成科学、文明、健康的上网习惯，在网络生活中加强自律自控；正确使用网络工具；健康进行网络交友交往；自觉避免沉迷网络；培养网络自律精神等。

第四节   青年学生网络道德的发展特点

一   青年学生网络道德主体性不断增强

这一阶段青年学生越来越重视他们在网络道德生活中的权利以及应承担的责任。一方面，强调尊重和保护，强调有选择网络道德生活的自由；另一方面，对自己应对网络行为负责的意识也在不断增强。对要遵守的网络道德问题一般会采取理性的态度，开始重视自己的意见和判断，不以传统的权威的意见为唯一的依据，不会人云亦云。

二   青年学生网络道德取向更具多元化

随着网络社会的飞速发展，网络环境的复杂性和多样性并存，在社会转型的过程中各种观念思潮以及生活方式的多样化必然引起人们道德价值观的多维性。尤其在网络社会中，青年学生处在信息爆炸环境的同时也被鱼龙混杂、五花八门的信息裹挟，这对他们网络道德发展造成强烈的冲击，青年学生网络道德取向多元化。

三　青年学生网络道德发展更具开放性

网络社会没有边界，一网走天下，开放性和共享性是它的主要特性。青年学生成为网络新生代，网络道德的发展也呈现开放的特点。青年学生不再拘泥于古老的传统道德，越来越追逐新思想新思潮，更容易接受一些新的道德观念。在这样的环境下，青年学生网络道德发展更具开放性。

第二章

网络道德失范的类型

　　网络道德失范是指在网络社会中，道德价值、道德规范的结构性失衡、局部性缺失，造成个体和群体网络认知、心理和行为的混乱，在网络时空中表现出各种失范行为，其行为结果可能会对主体和其他网民的身心及权益造成危害和伤害，进而引发网络社会秩序的混乱。常见的网络道德失范行为表现为网络暴力、"人肉搜索"、网络沉迷、网络欺骗、网络黑客、网络色情、网络诈骗、网络犯罪等，这些行为对网民和网络社会造成了一定的伤害和影响。

第一节　网络道德失范的内涵和特征

一　网络道德失范的内涵

　　法国社会学家迪尔凯姆在《社会分工论》中指出："失范"是指社会或群体中相对缺乏规范的状态。美国社会学家默顿认为，文化目标与制度化手段之间的不协调，人们缺乏对现有社会规范的广泛认同，社会规范失去了应有的权威和效力，从而产生了失范。美国学者杰克·D. 道格拉斯在著作《越轨社会学概论》一书中，把"失范行为"解释为"某一社会群体成员判定违反其准则或价值观念的任何思想、感受和行动"。① 海德的归因理论认为："一个人的行为必有原因，其原因或决定于外界环境，

---

① ［美］杰克·D. 道格拉斯等：《越轨社会学概论》，张宁、朱欣民译，河北人民出版社1987年版，第53页。

或决定于主观条件。"① 综合学者的各方观点，总体而言失范是指制度、文化、心理、交往和主体方面的结构性失衡与功能性弱化状态的显性表达。

随着科技和经济的发展，网络逐渐兴起到现在越来越普及。网络作为一种必需品，正在不断渗入每个人的生活中。一种新兴事物的出现，可能有好的一面也有不好的一面，网络架起了人与人沟通的桥梁，瞬间拉近了人与人之间的距离，为人们的生活增添了很多乐趣。但同时沉迷网络的也大有人在。网络世界的匿名化和无边界等特征，导致各种问题层出不穷，如黑客入侵、网络暴力、网络色情、网络诈骗、信息泛滥等不道德行为产生。这些网络上的不道德行为即道德失范行为对我们所遵守的道德规范而言是一种挑战，并且正在逐渐影响我们的生活。例如，网络语言暴力危害很大，你在网络上的一句"演技真烂""长得真丑""这个女孩穿得这么暴露，怪不得会被人强奸"等都会对另外一个人产生很大的影响。"雪崩的时候没有一片雪花是无辜的"，网络"喷子"逞一时之快，但是可能会导致被"喷"的人承受不了而抑郁甚至自杀，网络"喷子"变成了网络杀手，成了杀死他人的一把利刃。面对各种网络道德失范行为，许多学者纷纷开展了对网络道德失范行为的研究，希望通过对网络道德失范的学术研究以促进在网络时空中建立正确的道德秩序。

自 20 世纪 80 年代以来，随着网络道德失范行为的逐渐凸显，陆续有学者开始从伦理学、心理学、传播学、社会学等学科对网络失范行为的特征及表现进行了研究。网络道德失范通常被认为等同于网络失范行为，是在以互联网为基础构建的网络社会中，人们的行为违背了一定的社会规范和所应遵循的行为准则要求，而在虚拟空间中表现出的行为偏差，以及因为对互联网使用不当所导致的行为偏差等情况。② Denegri-Knott（2005）等人引进偏差行为理论，认为当网络中的行为与偏差行为的内容和形式都吻合，就可以认为网上的这种行为属于网络偏差行为，也即网络道德失范行为。也有学者认为网络道德失范是在网络空间中发生的、违反理性、不符合道德和法律规范要求的行为。例如，陈茜按照失范行为现象发生频率

---

① 郝文清等：《归因理论在思想政治教育中的应用》，《淮北煤炭师范学院学报》2004 年第 6 期。

② 李一：《网络失范行为的形态表现、社会危害与治理措施》，《内蒙古社会科学》2007 年第 6 期。

的高低，将大学生的网络道德失范从高到低依次分为抄袭论文，盗版音乐、软件，网络脏话，虚拟网上性行为等。①

二　网络道德失范的特征

从网络道德失范的具体表现来看，网络道德失范呈现出如下特点。

（一）影响范围广

网络缩小了地球上时空距离，网络造就了"地球村"。网络技术就像通往世界各地的高速公路，全球都被紧密地联系在一起。随着网络社会的发展，网络道德失范行为所产生的影响更为广泛和深远，也具有了全球性的特点。

（二）行为表现复杂

网络提供了一个开放多元的虚拟环境，网络交往的虚拟性、匿名性以及网络传播的便利性和随意性，使得现实社会中的道德规范不能照搬到网络世界中，网络社会的发展逼着道德建设步入新的空间和阶段。网络道德失范行为及其现象的表现方式都有更强的技术性，且一种行为往往可能会涉及多方面的道德失范，行为更加叠加复杂化。

（三）主体差异大

每个人的思维方式、认知水平以及社会文化背景都存在差异，因此他们对网络道德失范的界定也存在差异。不同国家、地区、民族的人有着不同的生长环境、思想文化及风俗习惯，他们对网络道德失范有着不同的认知和对待方式。网络道德失范的主体存在差异性，使得网络道德失范行为呈现出错综复杂、五花八门的现状。

三　网络道德失范的表现形式

网络道德失范的内容纷繁复杂，表现形式也多种多样。陈茜（2009）结合心理学视角，认为大学生的网络道德失范行为主要表现为人身攻击、双重人格等违反理性和不符合道德规范的行为。杨佳佳和曲燕（2015）结合实证调研，认为现阶段绝大多数高校学生具备健康向上的网络道德观，少部分人的网络认知观仍然有所偏差，具体表现在网络道德认知、网

---

① 陈茜：《大学生网络道德失范行为的主要特征及其有效防范与教育对策研究》，《当代教育论坛》2009 年第 4 期。

络道德行为、网络道德情感三大方面存在问题。刘丽萍（2016）进一步将网络道德失范行为概括为：网络语言失范、学术腐败、涉及网络色情和欺诈等问题。罗艺、李久戈（2017）专门对大学生网络话语失范进行了分析和解读，并从高到低对大学生网络话语失范现象进行了概括，即"违反法律法规的'法制性失范'、挑战道德底线的'文明型失范'、不符合优秀传播文化规范的'文化型失范'、不符合传统语言规范的'知识型失范'"。虽然很多学者对网络道德失范的表现形式进行了整理和区分，但依然很难对其进行科学完整的概括。此外，随着互联网的不断发展，网络失范行为也会变化和发展，还会有一些新的网络道德失范现象产生。

四　网络道德失范的影响因素

国内外学者通过借鉴丰富的理论基础，如理性行为理论、计划行为理论、社会学习理论、道德决策理论、人际行为理论等探讨了网络道德失范行为的影响因素，取得了较为丰富的研究成果。例如，Leonard 等（2004）建构了一项道德/不道德行为的解释模型。在该模型中，他们用社会环境、信仰体系、价值观、个人环境和后果来解释人的道德行为。他们通过对网络道德困境下个体的道德/不道德行为的实证研究，发现这一模型具有很强的解释力。

一些研究者对不道德网络行为的影响因素展开了研究。Denegri 等（2005）认为网络的匿名性直接导致了网络道德失范行为。Utz（2005）要求被访者对三种常见的网络欺骗行为（性别矫饰、魅力欺骗以及隐瞒身份）的动机进行归因，发现欺骗与内在动机相关。Yavuz（2008）以青年学生为对象进行的调查研究发现，性别对青年学生的不道德的网络行为有显著的影响。Pee 等（2008）通过对工作场所网络滥用行为的研究，发现人际互动对网络滥用有显著的影响。

国内学者主要从主客观、内外因等方面对不道德网络行为的成因展开分析。张峰兴认为大学生网络道德失范主观上是由于个体的道德自控能力较低、对道德的认识以及执行力不高；客观上是网络环境日益开放，各种信息冲击太强而相关预防和保障措施未到位所致。[①] 田秀娥、闫小鹤认为青年学生网络道德失范一方面是互联网及学生自身导致，另一方面受家

---

① 张峰兴：《大学生网络道德失范行为的成因探析》，《广东社会科学》2010 年第 2 期。

庭、学校及社会环境因素影响。① 还有学者对网络道德失范行为和某些变量之间的相关度进行了初步的探讨，如刘儒德等发现学生基本心理需求无法得到充分满足的时候，会做出更多的网络失范行为。②

综观这些研究，研究者对网络道德失范的成因探讨主要集中在网络自身的特性（如匿名性、去中心、开放性、虚拟性等）以及个体的人格特质、社会环境、家庭因素等。但是，对于具体哪些因素是影响当前青年学生网络道德失范的主要因素，尚无明确的结论。此外，在对网络道德失范的影响因素的探讨中，大多数研究是在一般意义上展开描述，运用个体心理变量和社会结构变量进行解释的研究成果相对较少。

五　网络道德失范的纠偏路径

对网络道德失范行为进行纠偏是本书的研究关键和落脚点。同样地，国内外学者从不同角度对此问题进行了大量的研究，概括而言，大致可以分为以下几个方面。

（一）从完善学校课程教育体系的角度出发

一些学者认为，为了应对当前的网络道德失范现象，亟须将网络道德教育纳入学校相关课程中。例如，颜峰和徐建军提出，"高校思想道德修养课程应该增加'网络道德教育'的相关内容"。③ 田国秀和闫小鹤提出，"学校德育课程应该主动迎接网络时代的挑战，增加对网络道德的关注"。④

（二）从完善法律规范体系的角度出发

一些学者提出，要加强互联网领域的相关法律建设，以解决日渐频出的网络道德失范行为。如蔡荣英认为，"要通过加强社会管理和国家立法来解决网络道德失范问题"。⑤ 鲁宽民、徐奇也强调了"法制和德治并重

---

① 田秀娥、闫小鹤：《青年学生网络道德教育研究述略》，《思想教育研究》2006年第3期。

② 刘儒德、沈彩霞、徐乐、高钦：《儿童基本心理需要满足对上网行为和上网情感的影响：一项追踪研究》，《心理发展与教育》2014年第1期。

③ 颜峰、徐建军：《我们对加强网络道德教育的认识和做法》，《思想理论教育导刊》2001年第5期。

④ 田国秀、闫小鹤：《青年学生网络道德教育研究述略》，《思想教育研究》2006年第3期。

⑤ 蔡蓉英：《网络失范问题与应对策略》，《教育探索》2008年第12期。

是开放理念引领下的网络发展和网络意识形态拿权维护的基本方略"①。

（三）从加强网络道德建设的宏观方面出发

从加强网络道德建设的宏观方面出发展开探讨是大部分学者的研究思路。鉴于网络道德外延较广，而影响因素又极其复杂，因此对其纠偏必然是一个系统工程。基于此，叶通贤、周鸿认为，"要强化网络道德教育，要提高大学生网络自律意识、加强网络立法、健全网络安全体系、完善网络监督机制、加强对校园网的管理"等②。彭小兰、李萍提出，"加强网络技术控制、优化网络空间、加快网络立法、构建网络价值范式等方面应对网络道德失范行为"③。

总体而言，虽然不同学者从不同角度对网络道德失范的纠偏路径进行了探讨，但不管是针对某一方面的集中论述还是大而广的宏观描述，都存在针对性和实效性不足的缺点。对于一线的教育工作者来说，针对不同个体用于实际操作的纠偏路径很少涉及，尤其对于当前迅猛发展的自媒体时代，现有的研究和应用是远远不够的。

第二节　网络直播道德失范

一　网络直播道德失范概述

从不同学者的研究和论述中，我们不难发现，网络道德失范行为涉及学科领域较广，而且随着时代的发展，表现形式也会呈现出一些新的特点。本节我们专门针对网络直播中的道德失范问题进行论述。

网络直播通过平台实现与用户的即时互动沟通，是现代网络社交的一种新形态。新冠肺炎疫情发生以来，民众们纷纷响应号召"宅家"抗疫，人们通过网络进行交流和满足日常生活所需，网络直播迎来了"井喷

---

① 鲁宽民、徐奇：《网络发展与网络意识形态安全维护的逻辑关系》，《学校党建与思想政治教育》2017 年第 5 期。

② 叶通贤、周鸿：《大学生网络道德失范的行为及其对策研究》，《河北师范大学学报》（教育科学版）2009 年第 2 期。

③ 彭小兰、李萍：《网络道德失范的类型、特质及其应对路径》，《深圳大学学报》（人文社会科学版）2012 年第 5 期。

期"。各大网络直播平台持续爆红，众多"草根"一夜之间成为网红主播，动辄千万粉丝，直播间一天的成交额甚至比同类店铺一年的成交额都要高，主播们带货能力超强。网络直播成为一种流行的媒介形式，逐渐变成一种生活方式甚至是现象级的网络空间场景。

早在 2011 年，美国 Justin TV 旗下的游戏内容运营点创立了一款以面向游戏实时流媒体视频的平台 Twitter，形成了现在网络直播平台的雏形。2015 年，Twitter 收购 Periscope 并结合旗下的 Meerkat 将网络直播推向热潮，其后 Facebook 等社交巨头也斥资打造直播平台。中国网络直播随之快速发展，网络直播的方式从原先的 PC 端直播发展到现在的移动终端直播，直播形式变得更加快捷方便，直播内容也从早先的秀场类直播、游戏直播逐步扩展到商业、户外活动、泛娱乐节目、带货直播等。新冠肺炎疫情发生以来，民众们宅家抗疫，有了更多的空闲时间进行网络生活，网络成了生活的必备品，网络直播迎来了"爆款"时代。

网络直播呈现出类型多元化、直播终端移动化以及直播中的 AI 和 VR 技术流行化的趋势。网络直播正在以迅猛的发展态势融入网民日常生活中。然而，在一片红火景象之下，网络直播道德失范乱象频发也引起社会大众的热议和非议。趋利化的需求致使网络直播的发展趋向于"野蛮"式的生长状况，片面追求经济效益引起道德、法律失范行为增多。① 虽然监管力度仍在持续加大，但其成效难以令人满意，直播行业整体格调不高，带来了不良社会影响。

二　网络直播行为的特征

相比于传统媒体，网络直播的显著特点在于时效同步性，即主播与用户或用户之间能够通过弹幕信息进行实时互动。② 另外，移动互联网时代下网络直播凭借"移动场景+实时互动"的优势形成了一种新型的社交方式。③ 通过直播拉近与粉丝网民的距离，使网民在互动交流中获得相应的社会场景知觉。网络直播行为具有以下特征。

---

① 刘海龙：《网络直播的监管困局及其长效机制的构建》，《传媒》2018 年第 21 期。

② 喻昕、许正良：《网络直播平台中弹幕用户信息参与行为研究——基于沉浸理论的视角》，《情报科学》2017 年第 10 期。

③ 汪雅倩：《"新型社交方式"：基于主播视角的网络直播间陌生人虚拟互动研究》，《中国青年研究》2019 年第 2 期。

（一）泛娱乐化凸显

人们观看网络直播的第一动机大多是娱乐、打发时间，网络直播满足了"有闲一族"群体填补大量空余时间的心理需求。在观看网络直播类型中，"消费类""游戏类""生活时尚类""体育直播类"等占据很大比重，体现出娱乐至上、价值观缺失的特点。

（二）互动行为突出

网络直播之所以深受网民的喜爱，是因为网络直播的即时性和互动性带来的共同参与感和反馈的直观感。"刷弹幕""打赏"参与直播互动，网民时不时用虚拟货币打赏主播，留言刷弹幕分享进行互动。网络直播所设定的"共时情境"满足了整个网民群体的交友需求，获得一种群体认同感和归属感。互联网技术的发展带动大量新社交媒介的发展，对传统的"熟人社会"社交需求形成了冲击，社会中的年轻一族对"网络虚拟社交"产生了巨大需求。但由于网络本身的匿名性、虚拟性和一定程度的自由性，网民在利用网络直播弹幕和打赏进行互动和交流时，缺少约束和限制，可能会出现辱骂脏话、语言暴力等道德失范现象。

三　网络直播道德失范的原因

（一）网络直播行业规范尚未完全建立

随着网络直播行业进入发展的"红利期""喷发期"，网络直播平台的数量水涨船高，行业竞争也越来越激烈。为了博取"粉丝"关注，进而增加流量，一些网络直播平台甚至采取了恶性的竞争手段，直播过程中道德失范现象频发，甚至会出现一些违法乱纪的行为。

许多直播平台唯流量是从，为吸引人的眼球侵犯他人隐私、宣扬封建迷信、传播低俗文化等问题时有发生，严重扰乱了正常的网络生态和价值导向，特别影响着青年学生的健康成长，表现出直播主题庞杂、形式多样、数量巨大、质量参差不齐等特点。在直播内容上，为了流量提升，网络主播们专门针对用户感兴趣的话题展开，其中会涉及"吸毒""贩毒""暴力""色情""炫富"等话题。不仅如此，网民们也通过弹幕随时发表意见、参与讨论，共同参与直播内容，形成一种"集体狂欢"。

（二）网络直播监管不力

目前网络直播基本处在事后处置阶段，出现问题了再行监管，对平日的直播监管基本处于放任自由状态，这是导致网络直播乱象频发、网络直播道德失范行为严重的重要原因之一。现有的监管基本遵循"政府监管平台，平台监管用户"的模式。受到 P2P 流媒体直播技术、信息滞后和技术短板等因素限制，政府在网络直播监管中还处于被动地位，相关政策法规虽然具有一定的约束力度，但更多是一种规范管理的方法，缺乏全过程的监管以及有效的惩戒措施。

（三）网络主播素质参差不齐

网络的开放性和便利性以及低门槛让更多的网民有展示的机会和空间，直播进入的低门槛导致各平台主播专业化程度参差不齐，造成道德失范违规违法的潜在隐患。随着网络直播的火爆，广大的网民一夜之间转身成为网络主播。很多网络主播并没有受到正规的、系统的网络直播培训，又加上平台监管不力，极易造成网络直播道德失范现象。

四 网络直播道德失范的治理

整治网络直播道德失范乱象需要各方面合力和共治，多措并举才能彻底净化网络直播环境。

（一）建立行业标准，突出价值导向

近年来，网络直播在爆发式增长的同时，也隐藏着种种乱象，如涉黄涉赌、侵犯隐私、虚假广告践踏公序良俗等频频挑战传统道德底线的行为，已引起业界和社会的高度关注。面对新事物中的新问题，政府部门急需建立直播内容价值导向标准，进一步完善法规，消除法律空白地带，创新监管执法机制等，加大对直播内容生产的监管力度，以达到规范网络直播业态，净化网络直播生态的目的。网络直播从本质上讲，同报纸、广播、电视一样，是一种媒介，也应承担起内容为上，通过好的作品传播正能量，弘扬社会主义核心价值观的职责。未来网络直播应以健康优质的内容生产和输出，弘扬正能量作为自身的职责和使命。

（二）网络直播需加强自律

许多直播内容以低营养化的日常聊天等活动来获取关注度，以此来提升观众的黏性。部分网络直播平台甚至存在恶意竞争现象，通过不良手段蓄意攻击其他平台主播等。由于网民群体庞大，监管很难全方位、全时段覆盖到位，因此，网络主播们需要更自觉地遵守道德法律法规，文明地进行网络直播。对违反法律法规、公序良俗的网络直播行为，需要严厉惩处以营造良好的网络直播空间环境。

（三）网络直播需强化道德法律制度保障

直播空间虽具有个体属性，但同时也具有更多的公共空间的属性。网红也属于公众人物，其行为和言论都具有一定的影响力。因此，网络直播还需坚守道德底线和遵守法律法规。国家在立法方面应加大力度，对《互联网直播服务管理规定》予以完善，以列举式的方式将违背公共秩序与善良风俗的基本道德要求以及违反法律禁止直播的内容、行为等具体化，从而提升可操作性和示范性。要进一步完善行业管理制度，加强对直播平台的管理，针对不同年龄的观众推送不同的直播内容，以此保护青年学生的权益。要加大执法力度，严厉打击网络直播违法行为，开展集中行动整治网络直播平台乱象。全国"扫黄打非"2020 年 4—11 月开展"扫黄打非·新风"集中行动，加强清理整治网上有害内容。其中，"净网2020"专项行动，就是重点整治网络直播平台通过色相引诱网民打赏的行为。

（四）网络直播需强化网民共治

作为网络直播内容的主要消费者，网民从需求侧直接或间接影响着网络直播内容的发展方向，网民共治是网络直播治理的重要外在推动力。网络直播不仅需要自律和法律法规监管双管齐下，更需要广大网民的参与和监督，牢固树立网络直播人人有责的共治意识，主动自觉举报和抵制不良网络直播，提高自身的网络媒介素养，形成联合共治的格局，让网络直播失范乱象无处安身。要加强公民道德和法律的宣传教育，提高网民的道德意识和法律意识，提高公民的网络素养，这样才会有更多的网民文明直播，减少直播乱象和道德失范行为的发生。

第三节　网络意见表达道德失范

一　网络意见表达道德失范概述

当今社会网络渗透到人们生活的方方面面，也深深地融入人们的生活中，成为影响我们生活的重要变量。尤其随着移动网络与人工智能的结合创造出多维度的信息交互场景，新媒体在经历了门户时代、众媒时代几个阶段的演变后，如今已进入"万物皆媒、人机共生"的智媒时代。微博、微信、今日头条、抖音、美拍、知乎等传播通信类的应用程序应接不暇，通过文字、音频、视频、人工智能等多种方式，在满足人们自我表达需求的同时，也极大地改变了传统的表达和交往方式。青年学生作为智媒时代的弄潮儿，热衷于在移动终端发声以及运用人工智能平台发表意见、表达诉求、宣泄情绪等，传统的舆论场域发生了根本性的变化。本节专门对网络意见表达过程中的道德失范行为进行论述，并提出有针对性的应对举措。

20世纪90年代，西方学者陆续开始将电子公告栏（BBS）作为研究对象，开始探讨网络传播的特性。法国社会心理学家古斯塔夫·勒庞在其著作《乌合之众：大众心理研究》中早就指出，个体一旦组成群体，就会变得非理性、易激动，少判断、易被权威左右，因而容易走向极端。[①]凯斯·桑斯坦在《网络共和国——网络社会中的民主问题》一书中提出了群体极化这一概念。他指出："团体成员一开始即有某些偏向，在商议后，人们朝偏向的方向继续移动，最后形成极端的观点。"[②]桑斯坦研究发现，群体极化倾向在网络上更易发生，网民中的"群体极化"倾向更为突出。美国学者尼古拉斯·尼葛洛庞帝在《数字化生存》一书中指出，网络中"个人时代"的到来，网民可以自主地表达，而这种自由表达更是为了坚定自我，进而导致网络政治群体中的"群体极化"现象的产生。

国内学者傅慧芳和张君良认为，网络表达是现实利益诉求在网络空间的能动性映射。[③]学者刘伟认为，网络表达是采用互联网作为载体将行为者内化于心的思想外化于各类线上及由此引发的线下行动。[④]学者刘毅在其著作《网络舆情研究概论》中认为，网络舆情就是通过互联网表达和传播的各种不同情绪、态度和意见交错的总和；网络舆情存在涨落、序变、冲突和衰变四大规律；可以通过法制管理、技术管理和网络媒体的自我管理等手段来实现对网络舆情的引导和管理。

随着智能媒体的发展，视频传播正成为智媒发力的重要趋势。通过构

---

① ［法］古斯塔夫·勒庞：《乌合之众：大众心理研究》，冯克利译，中央编译出版社2000年版，第20—21页。

② ［美］凯斯·桑斯坦：《网络共和国——网络社会中的民主问题》，上海出版集团2003年版，第47页。

③ 傅慧芳、张君良：《公民网络表达的迷失进路》，《理论探讨》2011年第2期。

④ 刘伟：《网络表达治理中的政府角色：治理逻辑、现实图景与路径探讨》，《电子政务》2016年第7期。

建打通"长视频与短视频，联动大屏与小屏的传播格局和表达格局，让用户方便快捷地运用视频表情达意，表达自我"。高宪春指出，信息传播交流技术的改变、智媒技术的发展使得机器正在逐渐替代人更有效地进行信息筛选、生产、传播等，促使舆论形成的基础和内核发生变化，以关系化和在场化实现人们自身利益最大化的诉求，技术合理性与舆论合理性互为支撑，对社会主流舆论产生实质性影响。①

　　总之，网络和智媒的发展极大地改变了信息传播方式和表达方式，人们表达的速度、广度和自由度也得到了空前拓展，人们在智媒移动终端通过语言文字、视频、音频、图片等视听形式，来表达自己的意见和观点。随着网络和智能媒体的高速发展，个人化的意见表达成为舆论发展新的态势，而智媒时代下舆论的发展又是社会发展的重要晴雨表，关系着网络生态的健康清朗。因此，如何做好意见表达，遵守网络道德，引导好舆论发展，壮大主流舆论，营造清朗网络空间成为当务之急。

二　青年学生网络意见表达的特点

　　加拿大学者埃里克·麦克卢汉在《麦克卢汉精粹》中指出，社会的形成在更大的程度上总是由人们相互交流所使用的传播媒介的性质而不是传播的内容而决定。智能媒体的飞速发展，为舆论的形成提供了新的外部表达形式和传播渠道，进而可能会演变成舆情事件，诱导网络道德失范行为。在智能媒体高速发展的今天，青年学生作为新鲜事物的主要接受者，也是主要的使用对象，他们习惯于通过智能媒体的移动终端对一些社会现象和事件表达自己的看法和意见。当代青年有着独特的思维方式以及对网络言论的敏锐感知力，通常会将自己内心的各种想法和意见发布到移动终端上，让社会大众来共同探讨自己的看法和意见。这种意见表达方式不同于现实社会中的面谈和书面表达意见的方式，呈现出自身的意见表达特征。

　　（一）意见表达快捷化

　　相对于报纸、广播、电视等传统媒体，微博、微信、论坛、抖音等社交平台的出现，智能媒体的发展及人工智能的加持给予了大众更加充分的表达空间。不需要编辑的审核，不需要总编的签发，青年学生只要动动手

---

① 高宪春：《智媒技术对主流舆论演化的影响研究》，《现代传播》2019 年第 5 期。

指点下鼠标，就可以立即通过移动终端发表自己的意见、观点和看法。匿名、去中心、去边界、扁平化和复制粘贴便利等特征，使青年学生的意见表达更加方便快捷。

（二）意见表达直接化

当代青年学生非常注重个人利益及维护自身权益，他们直言快语，有观点、有想法、有意见总会在第一时间表达出来，不再像上一代人那样犹豫或者含蓄表达，也不是特别在意别人的眼光。他们会对学校、社会、旁人的不满和意见毫不隐讳地发布在智媒移动终端，畅所欲言，以此来彰显自由。

（三）意见表达盲从化

德国传播学者伊丽莎白·诺尔·诺依曼提出"沉默的螺旋"的理论假说，认为个人意见的表达是一个社会心理的过程。人作为社会动物总是从周围环境中寻求支持，避免陷入孤立状态，这是人的社会天性。为了免受孤立的惩罚，人们总是附和多数而远离少数。智能媒体的飞速发展成就了巨大的舆论场。对传播的社会问题、热门事件不经证实就信以为真，盲目转发、发表意见，使普通事件瞬间演化为舆情事件。

（四）意见表达情绪化

青年期是处在心理发展水平趋向成熟的关键时期。这一阶段青年学生情绪易波动，变化快，缺乏理性，敏感又脆弱，但同时又血气方刚，意气用事。习惯将"线下"的情绪发泄到"线上"，对有些言论、信息容易不分青红皂白给予情绪化的表达。偏好影射潮流，批判现实，引发共鸣，煽动网友的情绪，引得网友批量转发，从而来证实自身的存在。

（五）意见表达去个体化

因为网络的匿名性，个体的任何行为都可以不被标识，青年学生往往容易放松自我责任意识。在匿名的网络表达环境中，青年学生降低了对自身道德规范、语言表达的约束，容易产生负面、偏激、叛逆的表达倾向，甚至出现"爆粗口、骂脏话、人肉他人"等暴力行为。

（六）意见表达个性化

当代青年学生个性张扬，崇尚非主流，除了发型、服装显示别具一格的个性外，连语言也呈现鲜活的特色，网络语言的流行就是很好的体现。青年学生在发布信息、发表意见时也习惯用他们自己的语言来表达，以求与众不同，吸引眼球，彰显个性。如"skr、确认过眼神、大猪蹄子、锦鲤、冲鸭、官宣"等都是近些年最常用的"网红"词。

三　网络意见表达道德失范的舆论引导与治理对策

"大学生活跃的网络表达形成了一定的舆论气流，打破了高校秩序化的舆论生态格局。"① 这些意见的集聚和裂变在一定程度上就会演变成舆情。舆情越来越具有"两小时全爆发""十亿量级传播"两个新特征，信息传播势能之大应引起充分重视。传播途径呈现智能媒体的信息分发和跨平台特征，舆论爆点也呈上升趋势，体现多话题延展的特性。在互联网智媒时代，面对舆论引导，该怎样进行表达和沟通？寻找正确的意见表达逻辑和舆论引导应对对策是重中之重。

（一）打通"两个舆论场"，拓宽沟通渠道

项德生是最早把"场"概念引入舆论学的研究者之一。项德生认为，舆论场是特定的舆论主客体相互作用而形成的具有一定强度和能量的时空范围。新华社前总编南振中提出两个舆论场概念，即主流媒体舆论场和民间舆论场。② 他指出，舆论引导面临的一个重要问题：官方倡导的舆论场和民间舆论场割裂的问题，两者之间无法实现融合，久而久之就会造成社会秩序不稳定、政府和媒体公信力丧失的结果。

随着智媒时代的到来，学校主流媒体与青年学生自媒体"两个舆论场"也越来越凸显。当代的青年学生个性特征突出、诉求多样化，往往会因为诉求无法得到满足或回应，就认为政府、学校不作为，继而失去信心，从而陷入"塔西佗陷阱"。"塔西佗陷阱"描述了一种社会现象，即"当政府部门或某一组织失去公信力时，无论说真话还是假话，做好事还是坏事，都会被认为是说假话、做坏事"。③ 青年学生往往会解构官方话语来发泄自己的不满情绪，而官方、学校也对青年学生民间舆论场存在一定的偏见，认为青年学生的言论会破坏社会的安全稳定，通常会采取各种方式阻止学生发表意见，容易站在青年学生的对立面。

在以智能媒体为驱动的媒体融合时代，舆论引导者应切实把握和运用传播规律，积极打通"两个舆论场"，改变现有意见表达和舆论引导的被动状态，加强青年学生与学校的沟通平台建设，营造良好的舆论生态。在

---

① 徐建军、曹清燕：《高校学生网络舆论引导刍议》，《现代大学教育》2014年第4期。

② 赵子忠：《媒体融合与两个舆论场》，《光明日报》2014年11月8日第4版。

③ 王以铸、崔妙因：《塔西佗历史》（第一卷），商务印书馆2011年版，第8页。

万物皆媒的智媒时代，如果一味地压制，容易引发更为强烈的"反击"。因此，及时弥合双方矛盾显得尤为重要。要重视每一个细小的意见表达，真正了解青年学生所需所想，并给予正面回应，才是将矛盾扼杀在摇篮里的根本性方法。善于听取各方意见与建议，通过各个渠道收集信息，回应青年学生诉求，化解矛盾。此外，通过青年学生组织、新兴媒体联盟建立线上线下相结合的沟通、交流平台，如定期开展"面对面"活动，切实了解青年学生思想、学习、生活动态。在学生活跃度高的媒体平台开展意见征集或讨论活动，让一些不善于当面表达的青年学生也可以以匿名的方式参加活动，表达意见。适当开放交流平台，青年学生可以在上面抒发情感、分享学习信息、咨询各类问题等。总之，拓宽沟通渠道，打通"两个舆论场"，将有可能使舆情事件有效地化解在萌芽状态。

（二）重构话语体系，正面及时发声

习近平总书记在全国宣传思想工作会议上强调，要举旗帜、聚民心、育新人、兴文化、展形象，更好完成新形势下宣传思想工作使命任务。同时指出，要把握正确舆论导向，提高新闻舆论传播力、引导力、影响力、公信力。

舆论的发生、发展一般会经历"事件发生—微博等自媒体曝光—网民意见表达—意见领袖推波助澜—传统媒体跟进报道—官方回应—引发关注高潮"这一路径，且传播过程、途径也显示出了新的特征。舆论引导，不能被动，而应主动、正面、及时发声。青年学生群体习惯于"草根化、个性化"的意见表达，话语体系的差异往往会引发学生的抗拒心理，会造成信息的单向传播与不对称。

因此，打通"两个舆论场"的"破冰行动"在于重构话语体系，引导青年学生理性表达，这应成为智媒时代舆论引导的目标。坚持以生为本，以"三贴近"为原则，多一些引导，少一些指令；多一些说理，少一些说教；多一些活泼，少一些严肃。在这一过程中，我们首先必须坚决维护主流意识形态的核心地位。坚持正面宣传，对于热点与重大事件主流媒体要在第一时间及时、准确、全面发声，主动引导舆论走向，规范青年学生意见表达，掌握舆论引导的主动权。官方应及时、准确地发声，作出正面回应，坚守新闻职业道德，成为青年学生的典范；利用权威话语地位，对来源不明的信息进行专业解读，及时做出官方辟谣，发布事实而非掩盖事实。其次，我们还应该学会运用青年学生惯用的话语方式与学生进行沟通、交流，提高官方主流媒体亲和力、感染力。微博作为发声的第一媒体平台，天生具备"草根""网红"属性，其话语体系表现出鲜明的群众语言特点和网络语言特点。舆论引导可以从官方微博入手，在微博撰写过程中，可以沿用其特有的话语体系，既不沿袭官方媒体的严肃风格，但也不照搬照抄流行的"咆哮体""凡客体"，更不能滥用不规范的网络流行语。让学生愿意走近，愿意倾听，在舆论引导方面就会起到事半功倍的效果。

（三）技术赋权数据驱动，提升主流媒体引导力

胡百精认为，及至今日互联网时代，公众因技术赋权和社会变革进一步觉醒和崛起，正当的情感和尊严诉求得以充分表达，非理性的情绪冲动亦有泛滥之势。[①]"技术赋权、数据驱动"智媒时代的来临，不仅大大增强了媒体的功能，也放大了其负面效应。随着人工智能和传媒技术的变革，意见表达载体日益丰富，打破了人们意见交流的时空界限，青年学生意见表达更自由、更直接、更生动、更便捷。

智媒时代打破了传统媒体"把关人"的角色，由于意见表达渠道畅通无阻，信息能在短时间内进行扩散，为舆论有效进行引导增大难度。同一件事，通过各自的视角发表意见，再加上众多转发和评论，使舆论引导内容呈现碎片化。因此，主流媒体应从海量数据资源，最大限度地汇聚青年学生的意见，并通过数据的全面打通和关联，为数据深度挖掘、智能分析、智能回应创造基础性条件，同时做好内容生产，提升主流媒体的引导力。

在网络智媒时代，随着人工智能的兴起，主流媒体应发挥舆论引导的"排头兵"和"压舱石"的作用。主流媒体利用自身的数据技术优势，在信息传播中有效识别垃圾信息和谣言，对比较集中的意见进行汇总和分析，是应对舆论引导的趋势和要求。在网络智媒时代，实时对比数据库，利用人工智能找到意见的原始出处，找到第一转发者，从而对可信度进行检测，对真实性进行标注成为可能。

（四）建立"网络评论员"队伍，主动占领舆论高地

"意见领袖"和"两级传播"理论认为，大众接受的信息往往来自人际网络传播中为他人提供信息的"活跃分子"，他们将过滤、筛选后的信

---

① 胡百精：《危机传播管理对话范式（下）——价值路径》，《当代传播》2018年第3期。

息再次提供给网民，由此形成"大众传播—意见领袖—网民"的两级传播模式。这里的"意见领袖"不同于其他领袖，未必都是大人物，他们也可能是普通青年学生中的一员，但也具备一些特征如威望较高，深得师生的喜爱，或在某一领域有专长；拥有一定数量的"粉丝"群体及话语权；信息获取渠道广，社交范围广；喜欢发表意见、表达观点等。在舆情的传播过程中，也往往隐藏着一些"舆论领袖"，将"消化"后的信息转发、扩散到更多的青年学生群体中，引导了舆论的走向，加快了信息的传播速度。如何挖掘、培养这批"意见领袖""舆论领袖"成为优秀的"网络评论员"，使之占领舆论高地，唱响主旋律，发出好声音，正确引导舆论，是舆论引导工作的重中之重。因此，"网络评论员"定期开展舆论引导工作知识培训，建立一支稳定的"网络评论员"队伍，从单方面到协同应对，从被动应对到主动作为，是确保青年学生舆论引导取得实效的有效举措。

（五）提高网络素养水平，有表达就有责任

党的十九大报告指出："要培育自尊自信、理性平和、积极向上的社会心态，加强和创新社会治理，打造共建共治共享的社会治理新格局。"习近平总书记在第二届世界互联网大会开幕式发布重要讲话，强调要加强网络伦理、网络文明建设，发挥道德教化引导作用，用人类文明优秀成果滋养网络空间、修复网络生态。教育部发布的《高校思想政治工作质量提升工程实施纲要》提出的"十大育人"体系，其中重要一条就是"创新推动网络育人"。

在这样的背景下，国家对青年学生的网络素养教育提出了新的要求，引导青年学生在复杂的网络生态中明辨是非，学会正确的意见表达，提升网络文明素养，传播主旋律、弘扬正能量，守护好网络精神家园。理性意见表达成为智媒时代舆论引导的目标，理性传递自己的思想和观点。首先，开展网络素养教育。全面纳入课程体系，课程内容可以结合青年学生的喜好，拍摄视频短片来阐释理论知识；开展以网络文明为主题的视频创作大赛、标语设计大赛、征文比赛等，让青年学生在活动过程中自觉践行网络文明；有效利用主流媒体，结合实时网络道德失范、网络犯罪等案例，定期进行网络素养知识宣传；以主题班会的形式，对热点事件开展讨论，表达意见，并进行线上线下交流。其次，加强网络道德法律教育，提升网络表达自律水平。青年学生意见表达的偏失以及出现网络道德失范行为既与网络信息质量的参差不齐有关，也与法制意识的缺失有关。加强青年学生网络法制及网络道德教育，让青年学生充分认识到网络也不是法外之地，虚拟空间同样也是公开之地，充分认识到有表达就有责任，深刻认识意见表达的法律界限，从而自觉提升意见表达的自律性。

第四节　网络智能推送信息道德失范

一　网络智能推送信息道德失范概述

人工智能 AI 概念是在 1956 年的达特茅斯会议上首次提出的。人工智能的发展可谓历经千山万水，近年来随着算法技术快速发展以及大数据的广泛应用，迎来新一轮质的飞跃，令全世界瞩目。时至今日，作为一门新兴的快速发展学科，人工智能风生水起，逐步成为经济发展的强劲引擎。随着人工智能的兴起，"头雁"效应越来越凸显，网络平台成为人们获取信息的重要渠道，而基于人工智能算法技术的智能推送作为其中的主要运行机制，进行着信息的聚合和传播。智能算法技术推送信息带来便利快捷的同时，也带来了很多的问题和烦恼。比如你刚上网搜索一个商品，你的本意只是想了解一下该商品，并没有想立即购买，但智能算法技术推送认为你需要该类信息，自动就给你推送该类商品的各种信息，并连续地向你推送，让人们不胜其烦。进入智媒时代，随着人工智能算法技术、大数据不断得到应用和提高，虽然信息传播的覆盖面扩大和到达率大大提升，网民对信息的选择权以及需求也相应得到加强，但其发展的过程中还存在盲区和道德失范现象和问题。新机遇伴随着全新的挑战，一系列的道德问题和冲突考验和挑战人类应对人工智能的开发和治理能力，值得我们关注和研究。本节专门对网络智能推送信息引起的道德失范行为进行专门的分析，并提出应对举措，以期引起各方的重视。

大数据、云计算、人工智能的高速发展，已经对网络的发展造成变革性的巨大影响。① 人工智能已经与网络深度融合，俨然成为当下社会经济发展新的亮点和增长点。党的十九大报告明确提出，要加快数字中国、网

---

① 胡慧敏：《智媒时代算法推送新闻对媒介伦理的冲击》，《东南传播》2019 年第 7 期。

络强国和智慧社会的建设。其中，人工智能算法技术是人工智能发展的重要构成，能够帮助我们对信息进行自动化处理并作出相应决策。随着该项技术的日益成熟以及在网络上的广泛应用，它的核心在于把合适的信息推送给合适的人，网络平台充当它的流量分发器。算法技术发展至今大致可以分为三大类：一是基于"网民画像"的算法推荐，也就是按内容进行推荐，这一阶段是根据网民的信息浏览历史记录，概况出网民的喜好和兴趣，也就是网民画像，再利用算法技术计算每个信息与网民画像的相似度，将相似度最高的信息推荐给网民；二是定位与网民具有相似兴趣和喜好的群体和圈子，然后给这个网民推荐这些群体和圈子喜好和偏爱的信息，这是基于协同过滤的算法推荐；三是基于热门的算法推荐，设置一个时间窗口，统计在过去一段时期信息的点击评论量、浏览量、转发量，把关注高的热点信息推荐给网民。此外，采用加权、并串联等混合的方式融合以上算法技术向网民推荐信息。人工智能算法技术正在悄然改变我们的生活，它不仅仅为人们的决策和行动提供信息和建议，在很多情况下还在人类的授权下代替人们进行决策和行动。相比原先的人工派发，智能算法推送信息优势更为突出。

但是，随着智能算法技术的广泛使用，越来越凸显出很多盲区和道德法律空白的问题。正如有学者所言，"大数据技术在彰显一种道德意义时，也面临各种伦理问题。要使大数据的文明指引保持在良性循环的正面效应上，我们就要认真对待大数据技术带来的道德挑战"。① 与人工智能相关的道德、伦理和法律问题很早就受到国家的关注。2018 年 10 月 31 日，中共中央政治局就人工智能发展现状和趋势开展集体学习时，习近平总书记指出人工智能发展过程中的道德问题，他强调，要确保人工智能安全、可靠、可控。要整合多学科力量，加强人工智能相关法律、道德、社会问题研究，建立健全保障人工智能健康发展的法律法规、制度体系、伦理道德。2019 年 1 月 25 日，习近平总书记在中共中央政治局就全媒体时代和媒体融合发展举行集体学习时，再次强调要全面提升技术治网能力和水平，规范数据资源利用，切实防范大数据等新技术带来的风险。国务院在颁布《新一代人工智能发展规划》（国发〔2017〕35 号）中明确提出，到 2025 年初步建立人工智能法律法规、伦理规范和政策体系，形成人工

---

① 　岳瑨：《大数据技术的道德意义与伦理挑战》，《马克思主义与现实》2016 年第 5 期。

智能安全评估和管控能力；到 2020 年建成更加完善的人工智能法律法规、伦理规范和政策体系。

很多学者对人工智能算法技术带来的道德困境、原因、风险以及技术使用本身特性展开多方位的有针对性的研究。张洪忠、石韦颖、韩晓乔（2018）认为，人工智能改变了传播渠道的内涵。智能算法推送模式在改变传统的传播模式同时也提出需要规制的问题。赵双阁、岳梦怡（2018）认为，对算法推荐的过度依赖会带来媒介道德新的风险。蔡梦虹（2019）对人与技术的关系、媒介道德建构等问题提出从人性层面、技术层面以及法制层面来解决。姜野（2020）提出，有必要以算法技术的迭代更新为背景，将算法的法律规制作为主要研究对象，突出当前算法呈现的有限自主性特征，建构符合我国算法应用现状的法律规制体系。这些研究为网络智能推送算法技术道德重构提供了基础，对以此引发的道德困境和解决之道也带来启发。

二　网络智能推送信息道德失范的特征

（一）道德规范的主体发生变化

主体是指对客体有认识和实践能力的人。信息推送的“把关人”的角色正在发生改变，在网络智媒时代算法技术被广泛推崇和运用，“把关人”已经由专业的从业人员向人工智能算法技术转移，算法背后的一系列代码成了真正意义上的“把关人”。当传统编辑的把关权力让渡于算法技术，信息道德规范的主体也就发生了变化。人工智能算法技术本身是无法自主做出有意义的行为的，它缺乏自由意志，也没有情感和表达能力。一系列代码背后还是以代理人类的名义做出的，因此被代理人应该承担相应行为的后果。客观上信息道德规范的主体仍旧是人类，只不过是从原先的专业从业人员，转变成了开发管理使用人工智能算法技术的人员（被代理人），这样一方面承认了人工智能算法技术的特殊的类主体的特质，另一方面对于责任还是要求人工智能算法技术制造者或者使用者（被代理人）承担。

（二）道德规范的客体发生变化

客体是指主体的意志和行为所指向、作用、影响的客观对象，客体和主体是相对应的。在人与网络智能推送算法技术互动过程中，道德规范的客体是推送的各类信息。原有的信息由专业从业人员把关，而随着网络时代的来临，网络平台自行生产信息，还有很大一部分来自广大的网民群体自身生产和上传的信息，导致网络平台信息爆炸、内容庞杂。网络平台为了最大限度地占有内容资源，在其快速扩张发展阶段，为了博眼球和获得更多的流量，往往会降低准入门槛，对信息内容标准一降再降。当流量成为核心，内容沦为附庸，就会造成网络平台上信息内容低俗、鱼龙混杂，虚假信息充斥的现象也时有发生。网络平台上堆砌着大量低品质的信息内容，通过智能推送到达网民，对网民而言也是苦不堪言。

（三）道德失范的原因发生变化

技术的进步带来一系列新的问题，信息道德失范的原因也变得更加复杂化和具有多重性。著名传播学者拉斯韦尔提出了"五W模式"，即传播者、讯息、媒介、受传者、传播效果成为五大主要传播环节。根据这一理论，检视分析网络智能推送信息的全过程，基于算法技术的智能推送信息是在大数据技术的支持之下对数据进行一系列的整合、分析和预测，而正是这种对于技术的盲目崇拜和过度信任，使得受传者（网民）容易被信息所奴役、控制，逐渐丧失了控制利用信息的能力，进一步出现了信息的异化。此外，我们可能忽视了即使是客观的数据也可能隐藏着潜在道德风险，对受传者（网民）的需求是否真实，目前算法技术也没有办法完全作出判断，数据样本的偏差也可能带来"以偏概全"的现象。网络智媒时代随着算法技术的广泛应用，不仅对传播者的专业素养提出很高的要求，在越来越倾向于受传者（网民）市场的个性化推送信息的运行背景之下，信息道德失范的原因在很大程度上也在发生变化，与受传者（网民）自身的媒介素养也有着很大的关联。

因此，我们必须立足时代和社会的重大发展路径和轨迹，全面理性客观地对智能算法技术推送信息进行价值审视，精准把握它的特性，深刻思考可能会导致的道德后果，提出合理的、具有前瞻性和系统性的道德原则，建章立制以期构建更加公正公平、更具人性化、具有公共价值性的道德新秩序。

三　网络智能推送信息道德失范的成因

（一）算法技术认知层面的盲区

目前，对于算法技术还存在认知层面的盲区，如把"流量"作为网民认为此信息重要的关键指标，也把"流量"作为算法技术推送信息的重要参数，这样做可能会导致其推荐的信息内容过度低俗和娱乐化。算法技术作为人工智能的应用，是一种前景非常广阔且深刻改变世界的颠覆性技术，但它也同时是一种不够成熟完善、带有发展性、革命性的技术。算法技术会不会对未来人类社会秩序造成影响？算法技术有没有不可控的风险？算法技术是造福人类还是祸害人类？这些认知层面的盲区都需要深入地跟进和研究。

（二）算法技术情感识别的盲区

在人工智能算法技术蓬勃发展过程中，算法技术也被称为网络神经，它可以到达各个层面的网民群体和个体，能够到达每一个网络神经末梢，但算法技术缺少对人类情感层面的关注和回应的问题也随之凸显。智能算法技术在推送信息的过程中展现出强大的数据处理能力，却无法识别人类的细微情感变化。人工智能算法技术本身是无法自主做出意思表示的，它没有情感和表达能力，也无法识别和判断人类的情感变化。例如，前一分钟你还在不断地搜索某个商品的信息，后一分钟你不喜欢这个商品，算法技术没办法识别你的情感和需求已经发生了变化，还会再继续给你推荐这类商品的信息，这使你非常懊恼。有时候当你搜索一件物品后，即使当你购买了该物品，推送系统仍然会不停地推送相关物品信息给你。人们越来越依赖人工智能应用，网民隐私、情感需求能否得到客观、公正、公平、有效的对待和处理，这是算法技术发展过程中需要加以攻关和克服的盲区。

（三）算法技术的道德法律盲区

智能算法技术应用有关的道德法律问题也是人工智能发展过程中讨论的热点和焦点。由于算法技术既有本身商业机密所代表的不透明性，又有技术的专业性导致具有黑箱性质。正是由于具有不透明的黑箱性质，算法技术的权利和义务很难界定。目前对于算法技术道德法律的约束仍属于后果型的，重视算法技术带来的后果而忽略对其过程的约束。对于算法技术的监管还停留在事后审查处置阶段，一般是等到发现问题后再采取措施，比如说限流、删帖、下架等。另外，算法技术具有复杂性，网民很难了解算法技术背后推送信息的依据和规则，这导致对算法技术带来的数据滥用、歧视、侵犯隐私、侵犯知识产权等道德和法律问题很难解决。而现阶段对于算法技术的法律法规还不健全，如算法技术应用所带来的各类数据的保护问题，数据财产权属于一种新型权利,数据的归属和使用,数据的安全尤其涉及国家安全的数据如何进行保护等问题还存在一定的盲区,需要在道德和法律层面及时做出界定。

四 网络智能推送信息道德失范的表现

网络智能算法技术推送信息这一模式被越来越多地运用,这一技术能从海量的信息海洋中挑选出符合网民的兴趣喜好图谱进行推荐,有着它不可比拟的技术优势,但现实使用过程中也存在很多道德失范的地方。

(一) 对网民信息需求存在偏见

施拉姆在《传播学概论》中列出一条公式来解释个人如何选择信息传播路径:可能的报酬/费力的程度=选择的或然率。按照这个公式,"可能的报酬"最大化、"费力的程度"最小化、"选择的或然率"最大化是最理想的传播路径。进入智媒时代,智能推送算法技术正是让这种传播路径实现最优化。根据网民的日常浏览习惯、社交朋友圈等大数据,对网民进行智能推送服务,虽然提高了信息到达率和扩大了覆盖面,能够让网民在最短的时间、花费最少的金钱和最小的精力就能获得这些信息,但也很容易出现把网民偶然随意性的行为认为是必然性的行为,这样就有可能会对网民真正的信息需求进行了错误的分类和推送,这在一定程度上反而限制了网民的选择权,形成对网民歧视、偏见性的推送。

算法技术总是会或多或少地受到个人或集体偏见的影响。这一影响主要表现在程序开发人员在设计算法时,或多或少会受到个人主观偏好的影响。而网民在使用媒体平台过程中也会根据自己的需求搜索设置算法应用参数。因此,算法技术在一定程度上存在设计者和网民的价值偏好。

(二) 易使网民深陷信息茧房

算法推送信息大多基于其对网民画像、网民行为的描绘进行的。网民也往往会访问与自己的意见、想法、需求相接近的媒体平台。美国学者凯斯·桑斯坦在《信息乌托邦:众人如何产生知识》中关于对"个人日报"的论述中提出"信息茧房",认为生活在"信息茧房"中的人们逐渐形成"回音室效应",将自己圈定在固定的圈子里面、只根据个人兴趣爱好进行个性化阅读,从而导致其阅读面、知识面十分狭窄,限制了个人的综合全面发展。① 反观智能推送信息，同理也是无形中给网民画了一个信息圈，使得网民越来越沉溺于自己的信息空间，在信息茧房中越陷越深。智能推送信息在为人们提供精准化、个性化的推送服务的同时，由于局限的内容、同质化的信息，网民容易陷入"信息茧房"的境地，从而缺乏对社会的整体认知，引起认知上的偏差。

（三）对网民信息隐私构成风险

当下，网民对隐私安全也越来越关注。信息隐私主要指个人信息的收集、存储和传播，包括社交信息隐私、医疗信息隐私和工作信息隐私等等。应该说算法技术推送信息越智能越先进，它就越需要获取、存储更多的个人数据信息。可以说，海量信息数据是智能推送发展必不可少的基础，这势必会涉及个人隐私保护这一重要道德问题。而当下网络平台大多出于商业利益的驱使，获取更多的网民信息，是很多网络平台追求的目标。另外，对数据失信、失真及污染的治理和防范，也是智能算法技术推送信息保护隐私面临的道德难题和挑战。

（四）公共性价值缺失

网络平台更多关注的是流量而非内容本身，注重商业现实利益而非社会价值。媒体平台的价值指标主要以流量、信息的到达率、网民停留时间、转发评论量、活跃度等为主，在智能算法技术推送信息越来越精准的当下，社会主流价值正慢慢被消解，公共性价值在一定程度上存在缺失，个人的社会化发展也受到一定阻碍。正如有学者所说："由于受到少数大公司、广告商和亿万富翁的主宰，媒介系统以唯利是图为目的在疯狂地运转，它偏离了公共机构或公共责任这个方向。"② 网民之间的数字鸿沟也越来越凸显，体现为网民对社会信息资源占有、使用、收益、分配过程中的地位、权利和机会存在明显差距；在全球各国或各地区贫富之间、男女之间、受教育与未受教育的人群之间，在信息接收、信息应用等方面存在不均衡和不公平等。随着算法技术的发展，信息生产端"把关人"的缺失以及算法技术推送信息过程中监管缺位，容易使网络智能推送信息陷入道德失范问题，网络平台和算法技术还是应承担起社会性价值的功能，有

---

① ［美］凯斯·桑斯坦：《信息乌托邦：众人如何生产知识》，毕竞悦译，法律出版社2008年版，第8页。

② 罗伯特·W.麦克切斯尼：《富媒体穷民主：不确定时代的传播政治》，谢岳译，新华出版社2004年版，第173页。

责任让网民实现信息共享，有责任让网民了解事物的全貌，有责任引导网民向舆论文明健康方向发展。

五　网络智能算法技术推送信息的正向重构

我们不能抹杀网络智能算法技术推送信息带给我们翻天覆地的变化和便利，同时也应更加清晰理性认识到这一技术的发展带来的道德失范问题。从原则准则层面、解决举措和路径层面来重构网络信息道德规范。

（一）培育科学的智能算法技术推送信息的认知

智能推送信息体制机制建设中信息道德风险防范都需要人类有对此科学的认识和意识，正确地认知指导相应的行为，所以认知观念和意识是先行者。人工智能算法技术无论表现得如何"像人似的"，终归是人类创造的产物，是人类在认识世界、改造世界过程中开发的人类智力和能力的延伸。无论算法技术发展到何种境地、产生什么样的影响，都不是技术自身的力量，而取决于人类的主观能动性，取决于人类如何使用技术。因此，对于智能算法技术推送信息，我们需要科学、辩证地认知，形成正确的信息道德观，积极主动防控人工智能算法技术带来的道德风险，最大限度地造福人类。

（二）加强制度道德法律监管

斯皮内洛在《铁笼，还是乌托邦》一书中讲道："至关重要的是在网络空间中传承卓越的人类的善和道德价值，它们是实现人类繁荣的基础。网络空间的终极管理者是道德价值而不是工程师的代码。"[①] 因此，政府应该加强网络传播信息的实时监测和监管，要切实承担起信息监管的职责和使命，强化对信息的监管与道德失范的整治，明确智能算法技术推送应用的范围及标准。网络平台也不能以流量论英雄，不能单纯把流量指标作为平台运营的价值追求。高悬"达摩克利斯之剑"，在网络技术信息道德规范制度层面予以充分保障，使媒体平台在行为上保持高度自觉，不断增强责任意识，以实现智能算法技术推送信息的正面导向价值。在法律层面，应加快制定相应的法律法规。尽快建立完善有关信息传播、信息安全和信息产权等方面的法律法规，对信息的存管、采集、交易、传播、开放

---

① 理查德·斯皮内洛：《铁笼，还是乌托邦》，李伦译，北京大学出版社 2007 年版，第44 页。

和再次利用等相关权利和义务要作出明确规定。

（三）建立智能推送算法价值观

德国社会学家马克斯·韦伯将社会行动的合理性分为工具理性和价值理性，工具理性的核心是强调效用性和功利性，只考虑成本最小而收益最大，而不在乎社会在道德、情感或者文化方面普遍的价值期待。而价值理性的核心是关注行动本身所代表的价值，追求的是更加合理而有意义的实践路径。随着 5G 的应用和推广，智能算法推送信息是大势所趋，智媒和人工智能的联合给网民带来更为丰富的媒体信息应用场景。当工具理性凌驾于价值理性之上，现实环境倒逼呼吁价值理性的回归，建立智能推送算法价值观显得尤为必要。弗洛里迪发展了信息道德，对信息哲学也做出了贡献，他认为在信息化时代负责任的设计与信息的隐私才是真正需要面对的问题。如何实现智能算法推送信息与网民信息需求完美匹配，是智能算法推送信息技术层面需攻克的难关。智能算法推送对于信息传播的高效和广度毋庸置疑，如何进一步优化，紧密联系网民，贴近实际、贴近生活，了解需求，及时为网民提供准确、客观、真实、有价值的信息，让网民在接收信息时有更好的体验，形成更加科学，更具有公共社会性、人文关怀的算法推送技术，把社会的需求、价值、选择、判断和个人的需求、价值、选择、判断有机结合，做到个体性和公共性的统一，让网民有机会获得更多的既符合自身需求同时又体现社会主流价值的信息是当下道德的要求和价值理性回归的诉求。

（四）算法推荐与人工编辑相结合

改进优化算法技术，建立"算法价值观"，让智能推送信息更符合社会价值和个体价值，这也是对未来道德危机的积极应对。在算法推送下网民缺乏主动的调整和选择权，对智能推送的信息不满意也缺乏必要的反馈沟通机制，以至于积累到一定程度对网络平台产生反感直至弃用。因此，算法技术需进一步优化，避免造成同质化信息推送，防止网民进入"茧房"状态。算法技术不能忽视人的复杂性，还应从复杂的"人的传播"进行优化设计，综合考虑人的行为、情感等要素。此时就需要扮演"压舱石"的角色——人工编辑来进行适时的调整和干预，从而降低流量对算法推荐的影响，加大对符合社会性价值的信息推送的力度。目前大多数媒体平台运用"机器"审核，对一些虚假信息、敏感信息、标题党进行拦截，但还是会有漏网之鱼，因此，智媒平台在内容信息核实上要下真功夫，加大事先核查的力度，算法推荐与人工编辑相结合是当前形势下权宜之计。国内的算法资讯公司今日头条也大幅增加了人工审核编辑人员，加强对不良信息和虚假内容的拦截和处理。通过算法推荐和人工编辑相配合，更强化人的主观能动性，更好地进行智能推送信息。

（五）进一步提高网民媒介素养

媒介素养是指人们面对各种媒介信息时的选择、理解、评估、质疑、创造、制作、思辨反应以及判断能力。意味着网民应学会理性客观地辨别信息的真假，要以批判性思辨性的思维面对海量信息，在海量信息中坚持道德操守，不要盲目接受，要做信息的主人，坚守道德底线，拥有独立的人格。对媒体平台中信息呈现出的泥沙俱下、真假并存难辨的现象，对各类非法、暴力、虚假、垃圾、庸俗等信息，网民应认识到它的危害性，提高对这些负面信息的辨识力、判断力和免疫力。提高网民的媒介素养，关键还是在于不断充实网民自身素质和知识涵养。另外，还要主动将媒介素养视为一种能力，积极通过各个途径提高自身的媒介素养，把媒介素养作为一种终身教育加以不断地学习和提高。

在互联网、人工智能、大数据广泛应用的时代，为应对和解决智能算法技术推送信息发展过程中的盲区以及道德失范和风险问题，进一步规范健全信息道德法律制度，确立公共的价值准则和底线，提升网民的认知水平和媒介素养已成为现实逻辑使然和必然。

第三章

网络道德失范案例及分析

随着网络的快速发展，网络道德失范行为层出不穷、形式多样复杂，对社会、网民都造成一定的影响和危害。网络道德失范行为按照危害性大致可以分为以下十类：传播谣言、散布虚假信息；制作、传播网络病毒，"黑客"恶意攻击、骚扰；传播垃圾邮件；论坛、聊天室侮辱、谩骂；网络欺诈行为；网络色情聊天；窥探、传播他人隐私；盗用他人网络账号，假冒他人名义；强制广告、强制下载、强制注册；炒作色情、暴力、怪异等低俗内容。本章选取各类的典型案例进行具体分析，指出失范行为的特质和危害，以帮助读者更好地理解网络道德失范。

第一节　网络道德失范具体行为分析

一　网络暴力

网络暴力，简言之就是网民在网络上实施的暴力行为，是指网民在网络上使用或发表具有暴力性、侮辱性、攻击性、伤害性的言论、图片、视频等现象。

根据中国社会科学院发布的《社会蓝皮书：2019》调查显示，青年学生在上网过程中遇到暴力辱骂信息的比例为28.89%。其中，暴力辱骂又以"网络嘲笑与讽刺"和"辱骂或用带有侮辱性的词汇"居多，分别为74.71%和77.01%。其次则是"恶意图片或者动态图"和"语言或者文字上的恐吓"，分别为53.87%和45.49%。青年学生实施网络暴力的情况一般有这样几种：一是在线聊天时"出口成脏"，使用带有侮辱性、攻击性的语言、文字、图片表情包等；二是发表评论时使用暴力性、辱骂性的语言、图片等；三是在微博、微信等社交平台上公开发布一些充满暴力、色情的图片、视频等。由于网络的匿名性，青年学生通过论坛、QQ、微博、微信等社交媒体进行交往时，会更加毫无顾忌，更容易催生网络暴力的发生，导致谩骂盛行、职业代骂等现象的出现，把网络当成"泄怒"的"情绪公厕"等现象也时有发生。

网络暴力行为的发生，一方面严重污染了网络环境，另一方面也会给青年学生的身心带来不利影响，产生抑郁、自卑、恐惧等消极心理，严重者可能会造成精神创伤。近年来，越来越多的青年学生成为网络暴力的受害者，但同时也成为网络暴力的实施者。

二　网络欺骗

常见的网络欺骗行为发生在网络交友、网络交易中。网络为青年学生提供了新的沟通交流的工具，如通过 QQ、微信的搜索或摇一摇、漂流瓶等方式，我们可以随意跟陌生人进行交流。在网络社会中，行为主体的身份可以进行隐匿和伪装，使网络交往过程中欺骗行为得以更加顺利地进行。现在网络欺骗形式多样，且越来越隐蔽，严重的可能上升为网络诈骗、虚假兼职、虚假购物和退款欺诈等行为，一些钓鱼网站也是网络诈骗的重要手段和工具。

三　网络炒作

网络炒作，也称网络营销或网络推广，就是利用网络媒体的各种传播手段，包括新闻报道与评论、博客与微博、图片动漫与视频等，在网络推手或幕后策划人的精心组织下，对某一个人物、某一产品（包括影视歌作品）或公司机构进行全方位报道，使之持续发酵，引发群连锁效应，提高人气指数，扩大品牌影响，最终达到预期目标。[①]

网络炒作的形式五花八门，手段多样，如明星炒作、悬念炒作、反向炒作、内幕炒作、舆论炒作、事件炒作、概念炒作、话题炒作等。网络炒作都带有一定的目的性，甚至还有专业炒作团队、专门的"网络水军"进行相关运作，用隐瞒、欺骗、曲解等炒作手段，带来负面影响。

---

① 曾静平、谢永江、詹成大：《拒绝负联网——互联网乱象与治理》，陕西师范大学出版社2012年版，第220页。

四　人肉搜索

人肉搜索是随着网络的发展而出现的，是一种通过网络，汇集社会的力量来寻找线索、解决问题的方式。人肉搜索是由人工参与解答而非通过机器自动算法如搜索引擎获得结果的搜索机制。猫扑网论坛被认为是最早开始人肉搜索的平台之一。早在 2001 年，网友通过悬赏"社区币"公开救助，这就是早期的人肉搜索形式。微软陈自瑶事件开创了人肉搜索的先例，是第一次真正意义的人肉搜索事件。在这之后，人肉搜索愈演愈烈，有标志性的事件如奥运冠军郭文珺拿金牌寻父、虐猫事件、铜须门事件、华南虎事件等。有个段子这么说，"如果爱一个人，就把他人肉搜索，很快你会知晓他的一切；恨一个人，就把他人肉搜索，他会知道什么是地狱"。这说明，人肉搜索具有正反两个方面的作用，那些背离了社会公德、超越了法律界限的人肉搜索贻害无穷。人肉搜索往往因其副作用而变成网络道德失范的重要表现之一。

五　网络沉迷

网络沉迷现象在现实生活中非常常见，大家常用"低头族"这个词来形容那些在走路、乘坐交通工具或吃饭时几乎都在低头玩手机或平板电脑的人。青年学生自我控制能力较差，长时间接触和使用网络，逐渐形成了对互联网络心理和生理上的依赖，自身又无法摆脱这种依赖性，进而导致了网络沉迷行为的发生。青年学生网络沉迷行为大致可分为信息沉迷、游戏沉迷以及社交沉迷三种类型，尤以网络游戏沉迷最为突出，即因重复进行网络游戏而形成的一种无法自拔的沉迷状态，一般表现为进行网络游戏时精神亢奋，心理上得到极大的满足，进行网络游戏的时间往往超过计划时间，时间得不到有效控制，甚至通宵达旦。青年学生自己作为受害对象的网络失范行为一旦发生，不仅影响学业，损害身心健康发展，还有可能诱发违法犯罪行为。

六　网络黑客

黑客是英语"hacker"一词的音译，原意为"热衷于从事计算机程序设计者"，而黑客行为是指一种试图进入未被允许进入的计算机系统的活动。黑客们利用高超的电脑技术，自由出入于网络世界。黑客行为最初是一种少年计算机天才们不断超越自我的个人行为，但当前大多数的黑客行为已经发展到故意破坏的程度。网络黑客不仅对网络信息和网络安全构成了巨大的威胁，也严重扰乱了网络社会中的正常秩序。

七　网络色情

网络色情是指通过互联网传播的以性行为或者人体裸露为主要内容的信息，或以语言文字赤裸裸地描绘性故事、性幻想、性行为，挑逗人们性欲，或用裸体图片、性爱音视频等公然宣传性行为、乱伦、同性恋或者其他性变态的暴力、虐待、侮辱行为，不具备或基本不具备教育、医学和艺术等价值，导致网民腐化、堕落，危害未成年人身心健康的色情信息和色情传播。[①] 网络色情表现形式多种多样，如网络色情网站、网络色情论坛、网络色情图片、网络色情文学、网络色情视频、网络色情聊天等。网络色情危害很大，尤其对青年学生来说，它让很多青年学生误入歧途，有些甚至走上网络色情犯罪的道路。

八　网络诈骗

网络诈骗通常指为达到某种目的在网络上以各种形式向他人骗取财物的诈骗手段。犯罪者的主要行为、环节发生在互联网上，用虚构事实或者隐瞒真相的方法，骗取数额较大的公私财物。表现出空间虚拟化、行为隐蔽化；诈骗对象呈低龄化、低文化、区域化；网络诈骗链条产业化；诈骗行为手法多样化，更新换代速度快等特点。诈骗者经常通过冒充公检法来实施网络诈骗，包括医保、社保网络诈骗；解除分期付款网络诈骗；包括藏毒网络交易诈骗；金融网络交易诈骗；虚构绑架网络诈骗；电话欠费网络诈骗等形式。

九　网络信息失范

网络信息泥沙俱下，有关色情、隐私、恐吓信息以及反动言论等也充斥其中，大量的垃圾信息不仅使人们对真实信息的信任度降低，而且还会诱发人们产生不良心态与不良行为。为了吸引眼球从而获取更多的流量和

---

① 曾静平、谢永江、詹成大：《拒绝负联网——互联网乱象与治理》，陕西师范大学出版社2012年版，第94页。

利益，有些社交媒体、网络平台也可能会默许甚至是纵容那些不良、低俗、色情信息的传播。

网络信息失范还表现在网络谣言四起，网络虚假信息屡禁不止。网络谣言一般是指通过网络介质（如邮箱、聊天软件、社交网站、论坛、App等）传播的没有事实依据的话语，主要涉及突发事件、公共领域、名人要员等内容。因互联网传播快、范围广的特性，网络谣言成为引起社会广泛关注的显性问题，特别是微博等新媒体传播平台的兴起，谣言传播的广度、速度和渗透度都大大增强，这促使谣言传播在人群中容易快速形成感染效应，给人们的生活和社会秩序带来影响，甚至会激化社会矛盾，进而酿成严重的社会群体性事件。传播网络谣言是不道德的行为，如果通过网络制造、传播谣言，进而引起严重后果如触犯法律，定然要受到法律的制裁。比如2019年新冠肺炎疫情发生后，网络谣言四起，如喝高度白酒抗病毒、吸烟抗病毒、喝童子尿抗病毒、吃大蒜抗病毒等谣言快速传播，误导了广大民众，严重地扰乱了社会秩序，也给网民带来了生活与思想的混乱。

十　泄露个人隐私

当下，网民个人隐私安全也越来越受关注。隐私主要指个人信息的收集、存储和传播，包括医疗隐私、社交隐私、工作隐私、交友隐私等。在商业利益的驱使下，获取更多的用户网民信息，是很多媒体平台追求的目标。加之我国法律对个人隐私的保护法律法规还不够完善，在一定程度上还存在漏洞，表现在未经网民的同意和允许，对个人浏览和使用的信息数据自行采集，媒体平台对网民信息进行随意流转和泄露，网民的隐私悄无声息地游走在汹涌的数据泄露与买卖之中，仿佛置身隐私"裸奔"的尴尬境地，这也暴露了对个人信息隐私保护的缺位，对网民隐私构成严重的威胁。从本质上说，网络的发展使得个人的隐私变成了可以买卖的商品，从自己独占逐渐走向了可以被人利用的资源。例如，令世界震惊的Facebook隐私门事件，其中涉及1亿多名用户的个人信息被泄露，引发了广大网民对个人信息安全的担忧。

十一　网络抄袭

网络抄袭指将网络中的他人作品窃为己有。随着网络的兴起，网络抄袭现象日益增多。抄袭的表现形式也多种多样：文学作品抄袭、学术论文抄袭、影视作品抄袭、音乐作品抄袭等。互联网为青年学生的学习生活提供了大量的信息，包括网络课堂、音频资料、电子文献等，其包含的信息量之大是现实中空间储备所无法达到的。网络一方面为青年学生增长见识、开阔眼界、提高学习效率提供了极大的便利；但另一方面，也造成了网络抄袭失范行为的发生，如侵犯他人的知识产权时有发生。

十二　网络犯罪

网络犯罪是一种最严重的网络道德失范行为，是指在互联网上运用计算机专业知识实施的犯罪行为。网络犯罪行为作为一种极端的网络失范行为，不仅会严重威胁网络秩序和网络安全，还会对现实社会秩序和安全稳定造成严重的威胁和挑战。近年来，随着互联网的普及，青年学生中的上网人数逐年增加，其中参与或实施网络犯罪的青少年人数也在增加。青年学生网络犯罪的一个重要诱因是网络暴力游戏的不良影响。随着网络游戏（特别是网络暴力游戏）的普及，青年学生网络犯罪的暴力程度也在不断增强。目前网络上一些宣扬暴力的游戏，大量充斥战争、屠杀、暴力等血腥场面，给人以强烈的视觉冲击，导致模仿能力比较强但缺乏是非判断能力的青年学生容易去仿效暴力行为、实施网络犯罪。

随着网络社会的不断发展，新的技术不断加持，加之网络道德规范体系不够完善，网络道德失范行为表现形式还在不断变化当中，以上只是列举几种最为常见的网络道德失范具体行为。为了净化网络环境，构建健康、和谐的网络空间，我们要坚决地对这些网络失范行为说"不"。

第二节　网络道德失范案例及分析

一　人肉搜索案例及分析

（一）事件回顾

2007年12月29日晚，女白领姜某在北京东四环一小区24楼的家中跳楼身亡，自杀原因是丈夫王某出轨。姜某和王某于2006年2月22日登记结婚，在自杀的前两个月，姜某在自己的博客中记录了她面对丈夫出轨并提出离婚的心路历程，并将丈夫王某与另一名女性的合影照贴在博客中，认为两人有不正当的两性关系。此外，姜某还在博客中透露了丈夫王某的姓名、地址、工作单位等详细个人信息。2007年12月27日，姜某第一次自杀未果，并在自杀前将博客的账号和密码告诉了一名网友，委托网友在12小时后再打开博客。12月29日，姜某跳楼自杀，网友将她的博客账号和密码告知其姐，姜某博客内容被曝光。从2008年1月开始，大旗网刊登了题为《从24楼跳下自杀的MM最后的日记》的专题报道，姜某的同学张某注册"北飞的候鸟"网站，并发表《哀莫大于心死》等文章，姜某日记也被发布于天涯社区，引发网友的激烈讨论。许多网友认为"王某出轨"是造成姜某自杀的直接原因，对王某的行为表示不齿，并对其进行谩骂与谴责。此外，网友开启"人肉搜索"，迅速找出了王某和"第三者"的联系方式、家庭住址、工作单位，并在网上号召所在行业"封杀"他们。更有甚者，直接到王某和其父母的住处进行骚扰，在王家门口刷写、张贴"逼死贤妻""血债血偿"等标语。2008年3月，王某不堪忍受网友长期的网络谩骂、短信威胁及生活中的骚扰，且屡被用人单位拒之门外，将大旗网、天涯社区、"北飞的候鸟"三家网站告上了法庭。首次将"人肉搜索"推向司法领域，此案也被称为"人肉搜索"中国第一案。2008年12月18日上午，北京市朝阳区人民法院一审判决大旗网和"北飞的候鸟"两家网站的管理者构成对王某隐私权和名誉权的侵犯，判令上述两被告删除相关文章及照片、公开道歉，并分别赔偿王某精神损害抚慰金5000元和3000元，加上公证费，王某总计获赔9367元。天涯社区因在王某起诉前及时删除了相关内容，履行了监管义务，被判免责。"北飞的候鸟"网站的管理者张某不服判决提起上诉。2009年12月23日，本案在北京二中院进行了终审宣判：王某在与姜某婚姻关系存续期间与他人有不正当男女关系，是造成姜某自杀这一不幸事件的因素之一，王某的上述行为应当受到批评和谴责，但对王某的批评和谴责应在法律允许范围内进行，不应披露、宣扬其隐私。张某作为"北飞的候鸟"网站的管理者泄露王某个人隐私的行为已构成对王某的名誉权的侵害，应当承担相应民事责任，法院故此维持原判。

（二）案例分析

这起事件之所以被称为"中国网络暴力第一案"就是在于该事件充分体现了网络传播速度与搜索功能，同时也让人看到"人肉搜索"带来的危害性，让仅限于网络的道德批判成为现实中的人身攻击，让人警醒和思考，如何让人肉搜索在法律的范围内发挥它积极的作用。"人肉搜索"主要是用来区别传统搜索引擎，它主要是指通过集中许多网民的力量去搜索信息和资源的一种方式。人肉搜索之所以发展这么快，跟网络搜索引擎技术的发展，网络的匿名性和无边界性以及网民的盲从性、猎奇心有关。我国《宪法》第三十八条规定："中华人民共和国公民的人格尊严不受侵犯。禁止用任何方法对公民进行侮辱、诽谤和诬告陷害"；第三十九条规定："中华人民共和国公民的住宅不受侵犯。禁止非法搜查或者非法侵入公民的住宅"；第四十条规定："中华人民共和国公民的通信自由和通信秘密受法律的保护。除因国家安全或者追查刑事犯罪的需要，由公安机关或者检察机关依照法律规定的程序对通信进行检查外，任何组织或者个人不得以任何理由侵犯公民的通信自由和通信秘密。"《中华人民共和国民法总则》第一百一十条规定："自然人享有生命权、身体权、健康权、姓名权、肖像权、名誉权、荣誉权、隐私权、婚姻自主权等权利。"以上条例明确规定了我国公民依法享有隐私权、名誉权，法律保护个人信息、私人活动与空间不受非法侵犯，网络上的隐私权同样不容侵犯。我国公民虽然享有言论自由的权利，但也必须以不侵犯他人合法权利为前提，网络也不是法外之地，发表言论同样应尊重他人隐私权、名誉权。2019年12月，国家互联网信息办公室发布《网络信息内容生态治理规定》。根据规定，网络信息内容服务使用者和生产者、平台不得开展网络暴力、人肉搜索、深度伪造、流量造假、操纵账号等违法活动。

　　人肉搜索作为独特的网络现象，越来越多的网民使用这种方式来获得信息。一方面，网民充分实现了言论自由，但另一方面也存在侵犯公民隐私权的现象。有效地规制人肉搜索，发挥它的正面积极的效应，有利于网络社会文明、有序、健康的发展。

二　网络传播不实信息案例及分析

（一）事件回顾

　　2018年10月28日上午10时左右，重庆22路公交车在万州长江二桥上与一小车相撞后冲出大桥坠江。随后有媒体报道"据目击者称，事故是女司机穿高跟鞋逆行导致的"，一时间"坠江事故女司机"登上热搜，微博、微信朋友圈充斥了各种对女司机的声讨，且言辞极尽侮辱、低俗与恶毒，女司机的个人资料与身份信息也一并被"扒出"。"女司机""高跟鞋""逆行"，毫无疑问，她在漫天的舆论中被网友们判了"死刑"。随后"平安重庆"的微博官方账号发出通报，事故经过是公交车越过黄线撞击正常行驶的轿车，车上共有驾乘十多人。瞬间"事件反转"，舆论开始指向所有发布过与轿车逆行有关的媒体，指责其报道失实，网友要求还"女司机清白"。11 月 2 日，"平安万州"公布重庆万州公交车坠江原因：乘客与司机激烈争执互殴致车辆失控，并发布了公交车司机与乘客互殴的视频。

（二）案例分析

当真相摆在公众眼前时，部分网民和大 V 纷纷删帖道歉，有些却站在道德制高点发起指责，已然忘却自己曾在事件发生的第一时间在网络上发布未经证实的消息、误导舆论。然而，舆论可以反转，对当事人的伤害可以反转吗？女司机的丈夫在接受采访时表示，妻子驾龄已有 6 年，论驾驶技术，妻子比自己强。面对此前网友们的误会，他表示"理解，但不能接受"。一场惨痛的坠江事故，缘何演变出一场反转闹剧？这个问题值得每个网民反思。在事实尚未得到真正核实前，随意发布不当言论、肆意宣泄情绪，不是维护正义，是不道德的行为。每一次随手转发、每一句过激的言论都有可能将本是受害者的"女司机"逼上绝路。网络时代，人人皆是媒体，但网络也从来不是法外之地。2013 年 9 月 9 日发布的《最高人民法院、最高人民检察院关于办理利用信息网络实施诽谤等刑事案件适用法律若干问题的解释》（简称《诽谤信息解释》）。其中第二条明确指出，"同一诽谤信息实际被点击、浏览次数达到五千次以上，或者被转发次数达到五百次以上的，应当认定为刑法第二百四十六条第一款规定的'情节严重'"，可构成诽谤罪；第五条指出"编造虚假信息，或者明知是编造的虚假信息，在信息网络上散布，或者组织、指使人员在信息网络上散布，起哄闹事，造成公共秩序严重混乱的，依照刑法第二百九十三条第一款第（四）项的规定，以寻衅滋事罪定罪处罚"。

三　网络媒体传播失范案例及分析

（一）事件回顾

2019 年 10 月 24 日，多彩贵州网刊发《大三女学生患病体重只剩 43 斤，贫困家庭面对 20 多万医疗费只能求助》的新闻。新闻称，23 岁的贵州贫困女大学生与弟弟相依为命，生活凄苦，身高只有 135 厘米，因患重病急需 20 多万元医疗费，通过媒体向社会求助。2019 年 10 月 29 日，多彩贵州网又刊发《患病女大学生追踪：收到 47 万捐款 她用 3 天时间写了封感谢信》的新闻。新闻称，5 天时间里，吴某某收到了 47 万元的社会捐助。2019 年 10 月 31 日，《贵州都市报》刊发题为《43 斤贫困女大学生手术费已筹足：感谢大家，想好好睡个觉》的新闻。新闻称，到 2019 年 10 月 30 日，吴某某的手术费用已经足够了，希望爱心人士暂时停止爱心捐献。另外，因频繁接受媒体采访，吴某某身体出现虚脱。2020 年 1 月 13 日，吴某某因抢救无效去世。消息迅速引爆网络。机构媒体和自媒体都采写了大量的报道和文章，这些报道和文章有的围绕吴某某病情本身和去世后的善后事宜展开，有的关注吴某某的个人生活和情感故事，还有的关注吴某某事件中存在的捐款乱象等问题。

（二）案例分析

此次事件中，不少媒体为了获得更多的点击量，给吴某某贴上了各式标签，如"爱笑女孩""无眉女孩""苦难女孩"。这样的方式虽然能够博取眼球，增强传播效果，但不利于事件的客观报道。再比如有些媒体称"吴某某每天只花两块钱"。而事实是吴某某在校每餐平均消费 6.24 元，只是在采访时说，某一天只花了一两元钱。再如有的媒体只报道了吴某某的凄苦人生，却未提及当地政府、学校还有老师和同学对吴某某的关心和帮助。吴某某在一次采访中自述："看了报道有两个晚上没睡着，我没有他们写的那么不堪。因为有很多人帮助我。"很显然，随着互联网技术的高速发展，网络传播必将成为未来传播的主流。网络传播的重要性日趋显现，但同时也普遍存在乱贴标签、渲染悲情和报道失度等网络道德失范行为，对当事人造成影响和伤害。我们应该通过建立健全网络传播相关法律法规，建立综合立体的监管机制等方式来杜绝网络传播失范行为，建设清朗网络空间。

四　网络语言暴力案例及分析

（一）事件回顾

2018 年 8 月 20 日，四川德阳市中西医结合医院的儿科医生安女士和丈夫去游泳，游泳时一名 13 岁男孩可能冒犯了安医生。安医生让男孩道歉，男孩拒绝，并朝安医生吐口水、做鬼脸，且做出了一系列侮辱性动作。安医生的丈夫见状，冲过去将男孩往水里按。男孩的家属冲到更衣室

殴打了安医生，双方报警。安医生的老公当场给男生道歉。8 月 21 日，
男孩家长闹到安医生和其丈夫所在单位，要求单位开除安医生及其丈夫的
公职和党籍。随后，安医生丈夫在泳池内和男孩冲突的剪辑视频在网上传
播，安医生夫妻的照片、工作单位、联系方式等个人信息也流传在网络
上。男孩家长关于泳池冲突的描述，加之安医生夫妻"公务员""医生"
的身份标签，该事件在网上引起了极大的关注。一些网民以《疑妻子被
撞 男子竟在泳池中按着小孩打》为题发布、转载视频。8 月 25 日，安医
生不堪舆论压力，分别给亲人朋友同事发了感谢微信，并给自己的母亲留
言"妈妈我爱你，请你照顾好我的女儿"，随后，在车内服下安眠药自杀
身亡。网民们迅速掀起了一场新的网络暴力，这次，利刃直指男孩一家。
在网络咒骂声中，泳池男孩成了"未来的强奸犯"，而他的父母则成了
"恶魔的庇护者"。媒体、网民的责骂，酿成了安医生的悲剧，而紧接着
男孩一家又被推上了风口浪尖。

（二）案例分析

舆论就此停止了吗？雪崩时，没有一片雪花觉得自己有责任。一次寻
常的冲突事件，原本可以通过正常的调解息事宁人，网络舆论行为却在中
间充当了一把"杀人凶器"，将当事人送上了绝路，给当事人造成无法愈
合的伤害。在事件通过网络传播过程中，网民们在未经核实的情况下大肆
转发"泳池冲突视频"，而在网民眼中"揭丑""送上热搜""曝光"成
了解决问题的主要方法，殊不知网络暴力这一网络道德失范行为危害性非
常严重。

有人会认为网民在网络社会中是自由的，不受限制的，尤其是言论上
完全自由。"马克思、恩格斯认为，每个个体都应享有相对的活动自由。
社会由个人组成，个人离不开社会，作为社会整体的一部分，个人的自由
总要受到法律、道德及相关规则的限定，如果不遵循社会固有的规则，个
人就无法在社会上独立生存，也就相当于失去了自由。"① 总而言之，马
克思科学自由观认为人类不可能完全脱离群体而生存发展，也就不存在不
受任何外在约束的绝对自由，那么社会存在决定社会意识，社会意识的外
在表现也要受到各种各样社会关系的制约，要实现个体的相对自由就是要
达到一种本体自由与集体自由的平衡，个人权利与集体秩序的稳定，既要

① 　韩妍：《浅论马克思主义自由观及当代价值》，《学理论》2013 年第 32 期。

保证人们的正常行使言论自由的权利，也要防止失控的网络言论行为的发生，用马克思主义科学的自由观来指导青年学生实施正确的网络言论行为，引导人们选择正确的社会价值观。

五 网络语言暴力案例及分析

（一）事件回顾

2017年5月12日晚上7点30分左右，在大连恒隆广场的一家餐厅里，一位母亲带一个四岁的小孩用餐，其间小孩一直在餐厅大喊大叫，其母亲也没有及时进行制止。邻桌的两名大学生中的一名女生起身走向这个孩子，踹了孩子的凳子。孩子的母亲立刻上前对这名大学生大打出手，并毁坏了餐厅公共设施。店员及时制止了双方的行为，但孩子的母亲却认为店员不站在自己这边，对店员也大打出手。经过警方调解，事件本可以平息，但万万没想到这位孩子母亲的一条朋友圈又掀起了事件的波澜。5月13日，孩子的母亲在其朋友圈发出维权长文，声称有大学生用脚死踹自己四岁的孩子，并咒骂自己的孩子去死，求警察还一个公道，严惩恶女。此文先是在朋友圈被转发，随后有人转发到微博，微博账号"大连说"首先进行转发。事件由此成为网络公众事件，不明真相的网友开始一边倒地支持母亲的控诉，女学生被"人肉"，小孩子的家长甚至要求学校将女大学生开除。但其实这位母亲并没有还原事情的真相，而是站在自己的角度避重就轻，将事件扩大化、夸张化。这位母亲发了当时视频的9张截图，误导了部分网友，甚至导致有不负责任的媒体没有弄清楚事情的真相就进行报道。15日，题为《4岁女童饭店内喊叫女大学生竟上脚踹》的文章出现在《半岛晨报》，还有副标题"女大学生跟同行男友闹别扭，邻桌孩子成了出气筒"。该媒体并没有采访女大学生及公安部门，而是听取了孩子母亲"宋女士"的一面之词。甚至有些"标题党"媒体这样写：《母亲节！大连一母亲泣血声讨：4岁女儿遭女大学生暴踹!》《嫌饭店隔壁桌女童吵，她暴怒"我踢死你"》。事件引起了有关部门的重视，大连电视台前去调查，调取了当时的监控视频，发现事情并不像孩子的母亲所说的这样。完整的监控视频曝光之后，事件发生了很大的"反转"。人们开始为女大学生鸣不平。15日晚，大连电视台播出了更加客观的报道——《"被打"调查》，其中包含的信息量更大了。5月19日，"大连说"微博发布第二条相关微博，就之前没有经过调查就发布微博的情况进行了解释，"我们不偏袒谁，我们也只是转载，我们不删，就是希望证据自在。也相信网友自有公断"。自此，事情的真相才被广大网友知晓。网友们至此大致分为三派："不该对熊孩子下手"队，"管好自己的孩"队，"各打五十大板"队，一时间掀起了舆论的热潮。

（二）案例分析

网络语言暴力是指在网络上公开发表具有攻击性、煽动性和侮辱性的言论，它表现在：一是直接在自己的使用端上针对某个人或某件事"开骂"；二是在浏览他人的信息后，利用评论功能即时"开骂"；三是转发，然后添加自己的暴力语言。"四岁女童被踹"事件经网络传播，有很多网民在事件没有调查清楚前，就自己知道的一些只言片语发布不实言论，侮辱攻击当事人，给当事人造成严重的伤害。在"四岁女童被踹"事件中，女大学生、四岁女童、孩子的母亲等所有的涉事主体都受到了网络语言暴力的攻击和伤害，其中，孩子母亲及大学生受到的微博语言暴力伤害更重。例如：@刘灵果的果：要是你将来有孩子试试，我孩子要这样我吃屎！@缘来自见：就冲这当妈的这德行，真希望她小孩哪天被打死！@搓澡老王：任何以小孩三四岁不懂事为由要求别人忍受吵闹的家长都是垃圾！孩子是你的又不是我的，凭什么我忍受他吵闹？网络语言暴力会造成当事人身心受到损害、精神受到伤害或刺激，对这类行为应该制止和批评。

六　网络谣言案例及分析

（一）事件回顾

2018 年 11 月 3 日晚，徐某（女，34 岁）带着两个孩子（儿子 6 岁，女儿 3 岁）在杭州余杭区仓前街道西溪永乐城小区散步时，遇到金某（男，31 岁）和女友谢某某（女，24 岁）在小区内遛狗（未拴狗绳）。其间，因小狗追逐徐某孩子，双方发生争执。金某随即将徐某推至轿车引擎盖上进行殴打。被群众劝开后，金某又上前对徐某进行殴打，并骑在徐某身上用拳头击打徐某，导致徐某受伤，无名指骨折，金某因涉嫌寻衅滋事罪，被余杭警方依法刑事拘留。事件报道后在网上引发热议，许多网民表示应严惩打人者，并要求养狗人士遛狗时应拴好狗绳。11 月 9 日，网上开始大范围出现"杭州临平血腥打狗"传言。帖子称，"自'男子不牵狗绳还打人致骨折'事件后，政府花费 210 万元采购 14 辆皮卡用于打狗，不少狗被当场打死，连小狗都不放过"。微博上也开始出现"万人请辞抗议杭州打狗"话题，该话题被推上了热搜，一些网民纷纷发文，声讨"杭州打狗事件"，该话题阅读量达 5000 万以上。此外，一篇题为"血染的杭州不再是天堂"的文章在网上疯传，文章发布后，阅读量很快就突破了 10 万，将杭州推向了风口浪尖。更有甚者，在奥委会官微@ 奥林匹克运动会下留言，要求取消杭州 2022 年亚运会举办资格。11 月 18 日，杭州网警发布警情通报，针对杭州有关不文明养犬的专项治理行动引发的网上关注和讨论，查处了一批谣言。网民赵某和曾某因涉嫌发布"暴力打狗"谣言，警方分别对二人作出行政罚款 500 元并检讨悔过和行政拘留 7 日的处罚。

（二）案例分析

近年来随着网络的迅速发展，网络谣言也迅速传播，谣言从传统口头传播方式转变成跨时空、跨地域的传播，传播范围更广、影响更大，网络谣言层出不穷，甚至愈演愈烈。这不仅对网络公信力产生沉重打击，给网络的发展带来巨大的负面影响和危害，也引起了不必要的恐慌，严重干扰了社会秩序，时常给社会生活带来巨大的困扰。通过该案例可以看出，网络造谣原因主要集中在以下几个方面：一是许多网民缺乏辨别信息真伪的能力，往往在网络信息的洪流中随波逐流，具有从众心理而又缺乏辩证的分析能力，没有明确目的，单纯为转发而转发；二是缺乏获取真实信息的可靠途径，无意中转发了虚假信息，特别是对自己比较熟悉和信任的人发布的，往往会毫不迟疑地进行转发；三是盲目信任和崇拜网络"大 V"，在流量贵如油的今天，一些媒体和"大 V"缺乏负责任的态度，他们为了抢点击率、抢新闻，往往不经确认信息的真伪便发布、转发不实信息，以讹传讹，加快了谣言的扩散，提升了谣言的破坏力，最终成为谣言的助推器；四是为了满足虚荣心，在网络上散布虚假但具有吸睛性的谣言，以增加自己社交网络的访问量和点击量；五是被不法分子所利用，成为网络谣言的生产者和传播者。

因此网络谣言的防范首先要求网民具备辨别信息真伪、识破谣言的头脑和眼光，对网络信息应该认真辨别、谨慎对待，不能轻易听信、转发，成为谣言传播的推手。其次，有关部门需要提高对网络谣言的技术跟踪和检测能力，从源头上遏制谣言的传播。通过技术手段强制实现网络微博、博客、论坛等网络社交媒体注册实名制。再次，国家应该建立成熟的网络

监管机制，提高舆情监控反应的敏感度，将危害社会的不实信息第一时间
扼杀，保证网络环境的健康与安全，有效的网络监管是监督，也是促进。
最后，培养网民负责任的网上表达，促进网民养成良好的网络传播行为习
惯，提高网络自律能力。

七　网络道德绑架案例及分析

（一）事件回顾

蔡某，16 岁时被确诊患尿毒症。为了给她治病，蔡家耗尽了存款，
负债累累。若想彻底治愈还需换肾，手术费逾 20 万元。为了给妹妹治病，
哥哥四处奔波寻求帮助都无果，在束手无策之时，他想到了网络。2010
年 3 月 17 日，蔡某哥哥写了一篇题为"请救救一位渴望生存的花季少
女"的帖子，详细描述了妹妹的病情和家中面临的困境，并将帖子发布
到了多个论坛。当地网友看到消息后，纷纷跟帖表示同情，并提出捐款。
3 月 19 日，网友"冰尘"提出"找出买彩票中了奖的彩民，让其捐献 25
万"的建议。3 月 21 日，电白县正好有一彩民中得双色球两注头奖，奖
金高达 1200 多万元。中奖投注站位于电白县西湖时装广场，有网友随即
将这一消息发上论坛。网友"冰尘"看到消息后，立即让投注站附近的
网友前往核实信息的真实性。确认信息准确后，"冰尘"召集了几位电白
县的网友，制作易拉宝、横幅等，准备前往投注站呼吁获奖者捐款。3 月
26 日，"冰尘"和几位网友到达电白县西湖时装广场投注站前，戴上口
罩、摆好易拉宝，拉好"救救蔡某吧!! 伸出援助之手，让 18 岁的生命
延续"的横幅，拍了几张照片后离开。当日晚上，"冰尘"和网友们将拍
好的图片及呼吁捐款的帖子发到了多个论坛，获得了许多网友的支持，但
也有不少网友对这个行为表示质疑，引发了网上热议。新浪为此展开独立
调查，结果显示"七成网民视此举为逼捐"。为此，"冰尘"解释说："常
规的途径我们以前也采取过，包括义演义卖，可这些方式耗费周期太长，
动用的社会资源也不小，收效却甚微，所以希望通过事件的制作来引起人
们的关注。"

（二）案例分析

随着网络传播渠道的增加，彩票中大奖就得捐钱似乎已渐成"潜规
则"，明星富豪做公益也被视为情理之中，道德绑架的土壤已逐渐转移到
网络空间，网络也成为网民审视大众道德水平的新高地，网络道德绑架逾

演逾烈。网络道德绑架是指网络道德绑架实施者以其个人的道德准则为评价标准，站在道德的制高点对他人进行善恶评价，并使之遭受舆论压力，胁迫他人采取符合其相应道德要求的做法，并造成一定负面影响的行为。首先，它侵害网络道德绑架承受者的自由权利。其次，它削弱了法律的约束力，一味强调道德义务，严重破坏道德公平。网络给人们提供了自由发表意见与态度的空间，也极大地便利了网民间的群体交流。古斯塔夫·勒庞认为，群体经常会表现出很高的道德境界，而这种道德境界常常幻化出强烈的道德优越感。因此，在道德审判过程中，网民们往往将自己置于较高的道德高度，对未做到符合大众道德行为准则的人进行道德绑架，强势群体也往往成为网民的攻击对象。在网络平台弱"把关"的情况下，网民非理性评论的聚集将引发网民非理性的情绪，道德绑架也势必演变成一场网民宣泄情绪的狂欢。网络道德绑架从本质上说是道德观异化所导致的一种社会现象，其产生与道德的自身特质是分不开的，除此之外，还与人们的道德认知以及社会大环境有关。由于网络具有虚拟性的特质，这为网络道德绑架现象的形成提供了良好的物质基础，使其影响力大大提升，对当事人和网络社会产生很大的不良影响，我们需要加以制止。网络管理者应当弘扬正确的道德价值观，引导网民形成符合网络发展规律的责任意识，共建和谐网络环境。

八　制作、传播网络病毒案例及分析

（一）事件回顾

2006 年 10 月 16 日李某编写了"熊猫烧香"病毒，2007 年 1 月初该病毒肆虐网络，主要通过下载的文件"传染"。该文件是一系统备份工具GHOST 的备份文件，会使用户的系统备份文件丢失。被感染的用户系统中所有 .exe 可执行文件全部被改成熊猫举着三根香的模样。不幸中招的网民都知道，"熊猫烧香"会占用局域网带宽，使电脑运行变得缓慢，计算机会出现以下症状："熊猫烧香"病毒会在网络共享文件夹中生成一个名为 GameSetup.exe 的病毒文件；结束某些应用程序以及防毒软件的进程，导致应用程序异常，或不能正常执行，或速度变慢；硬盘分区或者 U盘不能访问使用；exe 程序无法使用，程序图标变成熊猫烧香图标；硬盘的根目录出现 setup.exe auturun.INF 文件；同时浏览器会莫名其妙地开启或关闭。2007 年 2 月 12 日，李某以及其同伙共 8 人落网，这是中国警方破获的首例计算机病毒大案。2007 年 9 月 24 日，"熊猫烧香"案一审宣判，主犯李某被判刑 4 年。

（二）案例分析

网络计算机"熊猫烧香"病毒广泛爆发后，"灰鸽子""金猪报喜"等病毒相继在网络空间肆意扩散，造成了不可挽回的损失。通过网络传播，充分利用网络协议及网络体系结构作为其传播途径或机制，同时破坏某些网络组件（服务器、客户端、交换和路由设备）的病毒称作网络病毒。制作网络病毒的个体通常被称为"黑客"（hacker），源于英语动词 hack，意为"劈、砍"，引申为"干了一件非常漂亮的事"，也有"恶作剧"的意思，尤其指的是手法巧妙、技术高明的恶作剧。一般认为，起源于 20 世纪 50 年代麻省理工学院的实验室中，他们精力充沛，热衷于解决问题。20 世纪 60 年代，"黑客"一词极富褒义，用于指代那些独立思考、奉公守法的计算机迷，从事"黑客"活动意味着对计算机最大潜力进行自由探索，为电脑技术的发展做出巨大贡献。随着网络技术的发展，"黑客"文化也逐渐被颠覆，被赋予了另一层含义。"'黑客'攻击，至少在公众的理解——已经从一个天真无邪的、也许相当令人讨厌的、年轻计算机呆子的越轨行为，演变成了犯罪行为。"① 现如今从事"黑客"的活动主要是实施网络入侵、偷窃、破坏网络秩序，从这点上来说，"黑客"已经不再是掌握高超计算机技术的代名词，而是侵害他人或社会的不道德的攻击者。

九　网络欺诈案例及分析

（一）事件回顾

2018 年 7 月，杨某利用网络伙同他人，在海南省儋州市兰洋镇，冒充可上门提供性服务的女性，使用微信与当事人聊天。获取被害人信任后，其他同伙负责给被害人打电话并发送二维码诱骗当事人转账付款，共计骗取当事人 12696 元。这件事发生后杨某继续以非法占有为目的，伙同他人通过互联网发布虚假信息，实施诈骗，骗取他人数额较大的财物，其行为已构成诈骗罪。以诈骗罪判处被告人杨某犯有期徒刑二年一个月，并处罚金人民币 2 万元。

---

① ［英］尼尔：《巴雷特数字化犯罪》，辽宁教育出版社 1998 年出版，第 45 页。

（二）案例分析

网络欺诈通常指为达到某种目的在网络上以各种形式向他人骗取财物的欺诈手段。主要行为、环节发生在网络上，用虚构事实或者隐瞒真相的方法，骗取数额较大的公私财物的行为。网络欺诈呈空间虚拟化、行为隐蔽化的特点，行为人与受害人无须见面，一般只通过网上聊天、电子邮件等方式进行联系，就能在虚拟网络空间中进行。行为人一般刻意虚构事实、隐瞒身份，从而使他人难以确定所在地，隐蔽程度很高。网络诈骗行为手法多样化，更新换代速度快，导致网络欺诈数量急速上升，打击难度也越来越大，对社会造成了危害。《中华人民共和国刑法》第二百六十六条说明，诈骗公私财物，数额较大的，处三年以下有期徒刑、拘役或者管制，并处或者单处罚金；数额巨大或者有其他严重情节的，处三年以上十年以下有期徒刑，并处罚金；数额特别巨大或者有其他特别严重情节的，处十年以上有期徒刑或者无期徒刑，并处罚金或者没收财产。

十　侵犯个人隐私案例及分析

（一）事件回顾

2016年8月21日，山东考生徐某某因被诈骗电话骗走上大学的费用9900元，伤心欲绝，郁结于心，最终导致心脏骤停，虽经医院全力抢救，但仍不幸离世。经审查，2016年7月初，犯罪嫌疑人陈某某从犯罪嫌疑人杜某某手中购买5万余条山东省2016年高考考生信息。当年19岁的杜某某业余时间经常会搜索一些网站，测试对方的"安全性"，一旦发现漏洞，便利用木马侵入内部，打包下载个人信息、账号、密码。而获取到山东考生信息就是杜某某在测试网站漏洞时找到的。利用网站漏洞获取到权限后，杜某某在数据库中找到了山东高考考生的信息并将信息下载。杜某某把"黑"来的个人信息，比喻成"战利品"，每当将战利品收入囊中，他都会很兴奋。有一次他在网上的一篇文章中得知这些信息还可以卖钱，于是开始在网上贩卖这些考生的信息。在和陈某某的交易过程中，杜某某贩卖了10万余条高考考生信息，获利共计1.4万余元。

（二）案例分析

个人隐私是指公民个人生活中不愿为他人（一定范围以外的人）公开或知悉的秘密，且这一秘密与其他人及社会利益无关。判断信息是否属于个人隐私核心就在于，公民本人是否愿意他人知晓，以及该信息是否与他人及社会利益相关，如身份信息，个人日记，身体缺陷等。隐私权是自然人享有的对其个人的、与他人及社会利益无关的个人信息、私人活动和私有领域进行支配的一种人格权。网络社会中网民个人的隐私权受到法律的保护，不会因为网络的虚拟性、开放性就可以遭受肆意践踏。

　　本案例中的徐某某正是个人信息泄露的直接受害者，而犯罪嫌疑人陈某某之所以能通过诈骗电话骗走徐某某的学费从而导致徐某某的死亡，也正是因为另一犯罪嫌疑人杜某某利用网络漏洞以及高科技手段侵入网站内部，窃取到山东高考考生的个人信息，并将其进行贩卖。就其中所体现出的网络道德失范的问题，杜某某作为一名网民，侵犯他人的隐私权，非法窃取他人的个人信息，这违背了网络道德原则中的知情允许原则。而后他将他人的信息进行贩卖，非法获利 1.4 万余元，并间接导致考生徐某某被骗走学费 9900 元且最终失去年轻的生命，他的这一行为又违背了网络道德原则中的不伤害原则。

十一　网络色情案例及分析

（一）事件回顾

　　2005 年 1 月 4 日，安徽省公安厅成功破获我国淫秽色情网站第一大案——"九九情色论坛"案。安徽警方一举抓获涉案犯罪嫌疑人 12 人，摧毁了该色情网站在境内的组织体系，使该网站被迫关闭。该网站自建立至 2004 年 11 月，初步统计其点击率有 4 亿次之多，在线人数每 10 分钟达 15000 人。"九九情色论坛"在收购另一色情网站后，注册用户超过 30 万人。该网站有淫秽色情视频文件 6000 多个、图片 10 万多张、淫秽色情文章 2 万多篇。"九九情色论坛"网站的服务器设置在国外，由一名 19 岁的福建出境人员创办。他利用网络遥控指挥，与我国境内十多个省市区的不法人员相互勾连，共同从事网络淫秽色情信息传播活动，主要通过会员注册、广告、出租网络空间等方式牟利。

（二）案例分析

　　这一网站对青年学生危害极其严重。由于该网站部分内容免费，因此 30 万注册会员中大多数是青年学生。在抓获的 12 名色情网站骨干分子中，有两人是在职教育工作者，一人甚至是某省一所中学的副校长。为吸引青年学生登录该网站，该网站模仿校园体系构建组织体系：如初级会员的网上名称为"小学一年级、二年级"等，网络管理维护人员也冠以

"班主任、教导主任、校长"等名称。相对而言，网络色情对青年学生的影响和毒害更大，是对青年学生思想道德教育工程的巨大挑战。网络色情出现泛滥趋势，一方面反映出青年学生中正确的主流价值导向以及网络道德教育需要加强；另一方面，这也提示我们，还需要加大力度维护网络社会的正常秩序，加大对网络色情的执法力度，遏制网络色情的泛滥。有关部门应当完善立法，使得处罚网络色情有法可依；加大行政执法力度，严厉打击网络色情行为。现行《中华人民共和国未成年人保护法》于2012年10月26日公布，自2013年1月1日起施行。该法第34条规定：禁止任何组织、个人制作或者向未成年人出售、出租或者以其他方式传播淫秽、暴力、凶杀、恐怖、赌博等毒害未成年人的图书、报刊、音像制品、电子出版物以及网络信息等。随着网络的普及，应制定专门网络法律，为防止和打击网络色情提供有力的法律保障。另外，青年学生要提高网络媒介素养教育，增强自律意识，提高自身合理获取、利用、辨别和传播信息的能力，尤其是增强防范意识和抵御网络色情的能力，从而降低网络色情带来的不良影响。

十二　网络侵犯名誉权案例及分析

（一）事件回顾

1996年出生的任琨（化名）是一名在校大学生，喜欢关注娱乐新闻，经常在自己有百万粉丝的新浪微博账号上发布明星的一些动态活动并予以点评。2018年7月19日任琨在其微博中发布了有关井柏然的内容。作为演员，井柏然认为任琨捏造虚假信息，对自己进行毫无根据的恶意揣度，恶意引导舆论方向，其哗众取宠、炒作新闻以博取公众眼球的恶意明显。井柏然律师指出，这种不实内容不仅导致井柏然遭受到社会公众的重大误解与质疑，使其社会评价降低，还使井柏然精神上遭受了困扰与痛苦，其行为已构成对井柏然名誉权的严重侵犯，遂将任琨起诉至法院，并要求赔礼道歉及赔偿损失共计35万元。法院经审理认为，网络用户利用网络侵害他人名誉权的，应当承担侵权责任。任琨在其微博发布的文章没有事实依据，该言论系对井柏然的诽谤，足以造成对井柏然社会评价的降低。最终判决任琨在其微博主页置顶位置连续7日发布声明，向井柏然赔礼道歉；赔偿井柏然精神损失及其他合理费用共计34600元。

（二）案例分析

在当今娱乐业的迅猛发展、"粉丝文化"大行其道的背景下，很多青年学生有自己喜欢的偶像。作为某个明星的"粉丝"，青年学生关注着明星的活动，为他们加油，同时，因为不喜欢某个明星去责备辱骂的也有很多，"粉丝"们站在各自阵营里互相指责的现象屡见不鲜，甚至可能出现对某明星从羞辱到人身攻击、捏造事实在网上传播的情况。网络名誉权侵权纠纷中出现很多以青年学生为侵权主体（即案件被告）的情况，集中出现于从事演艺工作的公众人物名誉权侵权案件中，引起了社会广泛关注。

《中华人民共和国民法总则》第 110 条规定："自然人享有生命权、身体权、健康权、姓名权、肖像权、名誉权、荣誉权、隐私权、婚姻自主权等权利。"公民的名誉权受到侵害了有权要求停止侵害、恢复名誉、消除影响、赔礼道歉。

十三　侵犯知识产权案例及分析

（一）事件回顾

2018 年 8 月，papitube 旗下视频博主@ Bigger 研究所在广告短视频"2018 最强国产手机大评测"中，未经授权使用了日本音乐厂牌 Lullatone 的原创歌曲《Walking on the Sidewalk》，相关视频全平台总播放量超过 2309 万，转赞评数据总计超过 25 万。2018 年 12 月，Lullatone 得知其原创歌曲被@ Bigger 研究所盗用，主动找到 VFine 建立合作关系，委托 VFine 代理其在中国的所有维权事宜。2019 年 1 月，VFine 本着和解优先的初衷，与 papitube 进行沟通，长达三个月沟通无果后，决定启动法律程序维权。2019 年 3 月，按照诉讼要求，VFine 正式与 Lullatone 签署相关具有法律效力的维权委托合同，提交诉讼请求。2019 年 5 月，北京互联网法庭正式立案。2019 年 7 月 23 日，MCN 商用音乐侵权第一案于北京互联网法庭一审开庭。2019 年 7 月 24 日，由@ 新浪科技主持的话题#papi 酱公司短视频配乐被诉侵权#登上微博热搜第一，阅读量超过 3.6 亿，引发微博网友讨论过 3 万，关注度持续走高。2019 年 8 月 30 日，案件第五次开庭直播，VFine 胜诉。北京互联网法院认定被告 papitube 构成侵权，判令被告赔偿原告版权方 VFine Music 及音乐人 Lullatone 经济损失 4000 元及合理支出 3000 元，共计 7000 元。

（二）案例分析

"MCN 商用音乐侵权第一案"的胜诉意味着国内音乐产业的知识产权

保护更进一步。从该案例可以看出国家政策不断完善，知识产权保护措施日渐强化。2017 年，中共中央办公厅、国务院办公厅印发了《国家"十三五"时期文化发展改革规划纲要》，明确将"音乐产业发展"列入"重大文化产业工程"中。2005 年至今，国家版权局等部门连续开展打击网络侵权盗版专项治理"剑网"行动。国家版权局、工业和信息化部、公安部、国家互联网信息办公室四部门联合启动"剑网 2020"，包括开展视听作品版权、电商平台版权、社交平台版权、在线教育版权等专项整治。知识产权侵权现象仍然存在的主要原因在于，侵权人道德意识和法律意识淡漠，以及一些侵权行为的违法成本较低、利润空间大。随着国家政策法规落地及监督治理活动的持续性推行，国内众多企业纷纷自觉规范自身在音乐版权方面的商用行为。腾讯广告、字节跳动、京东、华为、小米、OPPO 等企业纷纷与 VFineMusic 在各自专业领域达成战略合作，共同推动数字音乐在社会商业行为中的正版化普及。短视频行业中，如二更视频、凯叔讲故事等知名内容创作机构，更是与 VFineMusic 达成长期年度合作伙伴关系。该案例也警示我们，作为网络主体在享受网络带来的便利的同时，也要特别重视对知识产权的保护，未经允许不得侵犯知识产权。

第四章

青年学生网络道德失范

　　青年学生作为祖国未来发展的建设者，与祖国的发展壮大息息相关。青年学生作为新兴事物的快速接收者，容易接受网络以及网络所带来的附属品，比如各种网络游戏、网络直播等。据统计，我国68.8%的网民为30岁以下的年轻人。在社会结构不断复杂化的背景下，青年学生群体中存在大量的网络道德失范现象和行为。原因可能在于，一方面，青年学生自身存在政治意识淡薄、价值取向功利、道德认知和行为脱节、社会公德意识淡化等情况；另一方面，由于互联网具有虚拟性、互动性、开放性等特点，青年学生在使用网络的过程中易出现一些道德失范的现象和行为。考虑到道德失范对青年学生的个人成长的不利影响，笔者有必要重点分析青年学生道德失范的成因及应对举措。

第一节　青年学生网络道德失范的客观原因

一　青年学生网络道德失范概述

　　青年学生正处于道德的发展阶段，这种道德水平的成长是一个动态的过程，必定受到外部社会环境的作用与影响。毋庸置疑，在青年学生中网络道德失范现象时有发生。一般来说，当前青年学生网络道德失范具体表现为以下几种：网络游戏成瘾导致的逃课、熬夜等不良行为；社交媒体成瘾导致的网络刷屏、广交网友以及在各个平台上多次发布无意义内容；因为缺乏辨别能力和自我控制能力而浏览或下载网络上的色情内容如图片、视频等；因为缺乏一定的责任意识和道德观念而随意辱骂他人、泄露他人隐私、盗用他人账号、散布电脑病毒、发布不实信息。而在青年人聚集的网络论坛上，部分青年学生语言粗俗、相互攻讦和谩骂、恶意诋毁他人声誉等不文明用语行为经常可见，纯粹将网络当作宣泄个人情绪的平台。

这些网络道德失范容易导致青年学生的人际交往减少、身体素质下降、学业荒废等一系列不良后果。例如，社交媒体成瘾导致青少年身心健康受到伤害，网络游戏成瘾对青年学生的学业和生活造成负面影响，习惯依附"理想自我"导致青年学生中出现一系列偶像崇拜和网恋等行为。一些青年学生还养成了不良网络习惯，如个人诚信度降低、沉溺于网络亚文化、形成功利主义和极端主义人格。① 这些网络道德失范还会对青年学生的成长和社会发展造成不良影响。青年学生在网络上发表的非理性的盲从言论、起哄言语、谩骂攻击、散布谣言等对青年学生的道德认知产生消极影响。此外，青年学生的世界观、人生观和价值观正处在形成过程中，更容易在网络行为中形成错误的观念。

研究青年学生的网络道德失范行为迫在眉睫。一方面，对此展开研究有助于公众对青年学生的网络道德失范行为有一个清晰的认识和全面的把握；另一方面，也有助于青年学生减少网络道德失范行为，维护网络的道德规范和秩序。青年学生需要逐渐学会在网络道德规范的要求下，主动建构形成自身遵守网络道德规则的需要，培养其在使用网络过程中的道德能力和道德品格。

二　青年学生网络道德失范的客观原因

樊浩在《中国道德道德报告》中指出，个体道德的影响因素有家庭、学校、政府、社会、市场、网络，在这六种因素中市场和网络的影响最为复杂，可以说是一把双刃剑。② 事实上，青年学生网络道德失范的原因也是多方面的，既有青年学生主观的原因，又有网络社会客观性原因。网络道德失范一方面受到青年学生主观心理特点、道德观念认知、道德自控自律等方面的影响；另一方面则是由于社会文化习俗、网络时空本身的特性导致的。

大体而言，青年学生网络道德失范的客观原因包括以下几个。

（一）社会转型的阵痛

网络虚拟世界中的道德问题并不虚拟，而是有着深刻的现实根源，是

---

① 舒钰洪、王丽霞、杨楠、冯小芮、杨琪、康超：《青少年网络道德"失范"研究——基于家庭层面》，《农村经济与科技》2019 年第 30 期。

② 樊浩：《中国伦理道德报告》，中国社会科学出版社 2011 年版，第 56 页。

现实道德问题在网络空间中的折射和反映。中国 20 世纪 70 年代末 80 年代初的社会转型，带来了社会的一系列深刻变化，包括在道德领域引发的道德危机。社会转型带来更深层次的社会开放，思想文化的冲击日益激烈，网络技术的发展加速了信息的扩散和聚集，不同的社会思潮、价值观念产生激烈的碰撞。在社会转型期间，信用制度和道德体系还未完全建立起来，物质财富和利益的极大诱惑、经济上的急功近利必然会导致个人主义强化，人们往往表现为自私自利，唯利是图，公德缺失，这就使得道德失范行为频发。传统的道德规范已不能完全适应社会发展的需要，而与此同时新的符合并适应网络社会发展需要的道德规范体系尚未完全建立。在传统道德规范失效与网络新道德规范缺位之间就不可避免地形成了所谓的"道德真空"。在面对"道德真空"状态和缺少主导性网络道德体系时，人们就会出现网络道德选择的困惑，容易造成网络道德失范问题的发生。这对于正处于世界观、人生观、价值观形成阶段的青年学生来说，在道德选择上的困惑更大，更容易发生道德失范问题。

（二）网络的虚拟性和开放性

1993 年 7 月 5 日《纽约客》刊出彼得·施泰纳（Peter Steiner）创作的一幅漫画，它的标题"在互联网上，没人知道你是一条狗"，非常形象地说明了网络主体身份的隐匿性和虚拟性的特点。网络社会中人际交往不同于现实社会中的人际交往，我国的现实社会是一个熟人或半熟人社会，道德对个人行为的约束作用比较明显，人们都会比较自觉地遵守既有的道德规范。但在网络交往中，由于不需要真实的身份，个体已经符号化数字化，网民以"马甲"的形式游刃有余地游走在不同的网络虚拟社群中。在这样一个大家都可以隐藏自己身份的空间中，网络道德相对于现实道德来说约束力大大降低。"在网络中，人们以符号身份存在，不用面对现实社会中活生生的人，不必面临对他人诚实、负责和讲信用等社会道德的直接压力，使得道德成本过低。由于网络世界的匿名性和隐蔽性，人就很可能任意行为，不受规范的约束。"①

网络的开放性是网络社会另一个重要的特性。开放性意味着在网络上人们可以自由交流、沟通，获取信息，发布信息，正是由于这种开放性，大量的资源和信息得以共享，使得通过网络传播病毒和谣言、获取他人信

---

① 汤怡：《网络传播视域下的伦理失范与道德规制》，《武汉大学学报》2010 年第 32 期。

息、侵犯他人隐私、侵犯知识产权等不道德行为频发。马克思和恩格斯认为:"人创造环境,同样环境也创造人。"我们通过互联网创造了一个虚拟公共空间,同时也对道德提出了新要求。网络道德失范的根本原因在于网络的虚拟性和开放性特点弱化了传统道德的约束力。

(三)网络文化的多元性

网络文化主要表现为一系列新的道德观念与社会思潮。由于网络社会的开放性、多元性,网络社会中高雅文化与低俗文化、民族文化与世界性文化、先进文化与落后文化、强势文化与弱势文化相互交融,从而形成了一个具有多元特性的网络文化空间。网络文化的多元性一方面有利于各种文化的相互交流,促进了文化之间的相互借鉴与吸收;另一方面,这种多元性的网络文化缺乏主导性意识形态的引导,这就使得网民们在各种文化的冲击与影响下道德观念和道德取向呈现出无主导性,从而容易导致他们在网络生活中产生道德失范行为。

(四)网络信息传播的特性

网络构建了一个自由开放的虚拟空间,大量的信息真假难辨、色情暴力信息屡禁不止,同时又缺乏信息"把关人"的设置,加之相关网络管理法律法规的缺位,传播突破时空界限,对青年学生来说无疑是一种极大的视觉和听觉冲击。因此,网络信息传播的特性是引起青年学生网络道德失范行为的原因之一。网络中信息庞杂,其中"黄色信息"、"黑色信息"与"灰色信息"弥散其中,对青年学生具有较大的诱惑力。

(五)网络社会的义务和权利失衡

网络社会的虚拟性、开放性使主体的网络权利和义务责任难以明确界定,其言行的责任和权利边界模糊不清。人们一旦上网就默认自己进入无人监管、无法监管的状态,主体认为行为有很大的行动自由度。网络的隐匿性、交互性又使网络环境下行为主体的权责分散、权责失衡现象时有发生。在网络社会里,由于主体对其网络行为后果过低预判,会降低主体对网络道德失范严重性的担忧或惧怕,进而诱发其做出失范的行为。相对于网络道德失范所带来的危害和影响,对网络道德失范的处罚大多太轻而不足以达到震慑、威慑的效果。网络责任义务与网络权利失衡也会导致包括青年学生在内的网民的网络失范行为频发,如网络虚假信息屡禁不止、谣言不止、垃圾邮件到处泛滥、网络诈骗猖獗、人肉搜索等。

(六)网络法律和制度不健全

网络社会的数字化、虚拟化等特点,类似于熟人社会的道德他律等各种外在力量在网络空间中的作用受到影响，道德约束机制相对减弱。法律和制度是道德的最低底线，道德一旦失去了法律和制度的保障就会显得苍白无力，网络道德失范行为就会大量发生。从整体来看，网络立法的滞后性必然会加重网络道德危机。我国网络立法发展缓慢，目前主要集中在网络监管方面，还有很多的"真空"地带。大多数的法律是为现实社会制定的，网络作为新的生存空间，缺乏完善的法律和制度保障。网络的匿名性特点使得一些网民抱着侥幸的心态，在网络上尽情地放任自己，肆无忌惮地做出各种网络失范行为。青年学生涉世未深，网络法律法规宣传教育还不够深入，是导致他们做出网络道德失范行为的原因之一。

（七）网络道德教育的缺失

随着网络的出现和蓬勃发展，网络道德教育并没有跟上快速发展的步伐，在相当长一段时间处在缺位和低效的状态。面对与网络共成长的"原住民"青年学生，他们许多的网络行为处于"道德任意"状态，缺乏系统的网络道德教育。当前家庭和学校教育主要关注点仍在青年学生的学习成绩和职业发展上，对科学使用网络问题关注力度不足。在对青年学生网络素养教育问题上，家庭和学校大多采用简单限制使用的方式，以堵代疏并不能有效提升网络素养，这也是青年学生网络道德失范行为频发的原因之一。

第二节　青年学生网络道德失范的主观原因

一　青年学生对网络道德相关观念认识模糊

"道德观念所反映的社会存在是历史上变化着的和发展着的道德关系，即反映着人们在道德活动过程中所产生的各种关系以及如何处理这种关系的行为准则。"[1] 青年学生是人生发展和道德品质形成的关键时期，了解和掌握青年学生的身心特点，有助于加强青年学生的网络道德观念教育。青年学生对网络道德观念的认识比较模糊，主要表现在对网络道德评价标准的模糊和网络道德失范行为界定的模糊。目前社会正处

---

[1]　韩进之、王宪清：《德育心理学概论》，人民出版社1986年版，第84—85页。

在多元开放社会转型期，在网络社会中，道德价值多元化倾向更为明显。青年学生的道德观念在认识上还不够清晰，这是导致其产生失范行为的原因之一。

二　青年学生身心发展不成熟

青年学生处于童年期和成人期之间，这个阶段的个体面临生理心理多方面的巨大变化和挑战。最明显的变化无疑是生理方面，身高、体重会显著增加，第二性征开始出现，认知能力特别是抽象思维能力和逻辑推理能力增长显著。与生理的显著变化相伴随的是青年学生的心理发展变化，这一阶段青年学生的心理开始从幼稚走向成熟、从依赖走向独立，心理发展出现了巨大波动。面对自身生理的显著变化和心理的巨大波动，部分青年学生在现实生活中对自我的认同表现出迷茫、困惑、矛盾等状况，因此他们转而去网络世界寻求帮助。在虚拟的网络世界，他们可以随心所欲地依据自己的喜好，建构一个甚至多个"理想自我"，这可能会与现实社会产生冲突，从而引发道德失范行为的发生。

三　青年学生道德自控能力较弱

道德自控能力主要取决于主体道德自律意识的发展。对于自律在道德中的重要性，马克思有一个精辟的论断："道德的基础是人类精神的自律。"① 所谓道德自律是指道德主体借助对自然和社会规律的认识，借助对现实生活条件的认识，自愿地认同社会道德规范，并结合个人的实际情况践行道德规范，从而把被动的服从变为主动的律己，把外部的道德要求变为自己内在良心自主的行为。道德自律是将一定的社会道德规范内化为主体的道德品质并对其行为施加影响的一种表现。因此，青年学生的道德自律意识如何，直接关系到其道德自控能力的强弱，从而影响其道德行为。青年学生处于青春期这样一个身体发育的旺盛时期和心理发展不稳定时期，其心理承受力和自我控制力较差，极易被外界环境吸引。

四　青年学生情感意志等非智力因素发展较慢

非智力因素包括与智能活动有关的情感、意志、人格倾向性、气质、

---

① 《马克思恩格斯全集》第 1 卷，人民出版社 1956 年版，第 15 页。

性格等。青年学生这一阶段思想活跃，求知欲旺盛，智力和思维水平提高显著，但情感、意志等非智力因素发展较慢，表现在青年学生情感丰富但不稳定，情感的易变性和不稳定性是青年学生身心发展的显著特点。他们情绪波动较大，易冲动，做事缺乏意志力或意志薄弱等特质也是引发失范行为的原因之一。

五　青年学生体验"自我实现"的心理得到张扬

心理学家罗杰斯提出"自我概念"，这种"自我概念"可以作用于人的行为，尤其是个体与他人的互动关系上。也就是说，每个人都希望有自我表现的机会来体现"自我概念"，且在这个自我表现的过程中又期待自己能够得到某种程度的提升。心理学家马斯洛的需要层次理论中认为人的需要的最高层次是"自我实现的需要"，认为人的自我实现的一种重要方式就是"高峰体验"。所谓高峰体验是一种稀有现象，它是指个体完全接受世界的本来面目，并有陶醉的神气之感。比如在网络游戏中，每次升级或者通关成功，都会使人产生一种"愉悦感"或"高峰体验"。网络世界为青年学生提供了一个虚拟又近似真实的社会生活场景，他们在这里获得暂时的满足感和自我实现的成就感，同时由于网络社会中所体验到的满足感和自我成就感更多也更容易实现，青年学生更容易沉迷其中不可自拔，也就更容易跨越一些界限，引发失范行为。

六　青年学生盲目从众心理得以凸显

从众心理是指"个体在群体压力下，在知觉、判断、信仰及行为上，表现出与群体中大多数人一致的现象"。① 之所以会产生从众心理，从心理学的角度而言，有人是迫于个人因素，有人则迫于群体压力。每个人都不愿意被群体边缘化和抛弃，通过从众寻求一种心理上的安全感。面对网络社会的虚拟性和多样性，青年学生往往会放松警惕，相互模仿网民行为，碰到问题也往往会采用以牙还牙、以其人之道还治其人之身来处理，网络失范行为呈频发状态。

---

① 申荷永：《社会心理学原理与应用》，暨南大学出版社 2004 年版，第 134 页。

第三节　青年学生网络道德失范的危害

一　影响青年学生的成长成才

青年学生网络道德失范行为具有严重的危害性，"不仅妨碍了网络社会中大部分或一部分网络行为者的正常的社会生活轨迹和秩序，而且也对整个网络社会生活造成了较大的影响，并且在一定程度上影响了网络社会正向变迁过程的形成"①，更严重的甚至影响着青年学生自身成长与成才。

青年学生这个阶段是生理和心理发展的关键期，同时也是心理脆弱期。譬如，青年学生处在青春期躁动的阶段，而网络上的内容也是参差不齐的，好奇心促使青年人浏览一些具有刺激性的、内容不健康的信息，从而导致精神萎靡不振、作息规律混乱。这对青年学生内心网络道德规范准则的建立起着潜移默化的腐蚀作用。再如青年学生的网络成瘾行为，长时间无节制地上网会使大脑神经中枢长时期处于亢奋状态，引起植物神经系统紊乱，体内激素水平失衡，从而导致免疫力下降，诱发各种疾病。

在虚拟的网络世界中，人们的行为不受约束，甚至可以不负责地为所欲为。这种虚拟与现实的冲突，容易造成青年学生心理的畸形，甚至使青年学生产生人格上的分裂。长此以往，他们就会表现出逃避现实、对他人漠不关心以及以自我为中心的个人主义的倾向。久而久之，青年学生会日益沉迷网络，性格变得孤僻，不愿与外界交流，严重还会出现人际交往障碍的情况，对社会形成隔离感、悲观、沮丧等心理障碍，甚至引起心理疾病，对青年学生形成正确的世界观、人生观、价值观造成负面影响。

二　影响青年学生的社会适应

网络道德失范破坏了青年学生的人际交往和正常的人际关系的形成。网络人际交往不同于现实人际交往，它更多表现出的是"人—机"之间的交往。在虚拟的网络空间里，人与人之间的交流可以通过一段视频、一段语音、一个表情来实现。青年学生过度依赖网络社交平台实现人际交

①　刁生富：《在虚拟与现实之间——论网络空间社会问题的道德控制》，《自然辩证法通讯》2001年第6期。

往，并不利于青年学生现实中的人际交往。在正常的人际交往中，交往双方不仅会听其言，还会观其行、闻其声、嗅其味，通过这些非言语线索进行交流，但在网络交往中这些线索都不存在。如果青年学生经常以虚拟的身份进行网络社交，不利于他们建立正常的线下人际交往关系，久而久之会出现冷落、回避线下交往的倾向，甚至出现交往障碍。

三　影响社会和谐稳定

青年学生是建设国家美好未来的重要力量，以上种种网络道德失范现象不仅不利于青年学生的成长成才，更不利于国家和社会的发展。网络社会是一个充满熟悉的陌生人的世界，网络世界中也需要和谐稳定，网络上的行为更多的是靠自我的约束，现实社会中一些外在的道德机制很难在其中发挥作用。在网络世界中部分青年学生能够更为有效地使用网络技术，从而在青年群体中显得更为突出，引起其他青年学生的盲目崇拜，道德失范行为也更容易得到传播和强化。而一些研究者认为，网络失范行为在媒体上报道得越多，越有可能给不成熟的青年学生树立榜样，越有可能产生示范效应，严重者会诱发青年学生犯罪行为，如网络诈骗、盗取他人信息、传播计算机病毒等。

网络道德失范行为在当今网络社会层出不穷，直接影响到现实社会的和谐稳定。一些网络中的矛盾有时候会转化为线下，如网上的争吵还可能转化为现实生活中的冲突。

第五章

青年学生网络道德失范的心理机制

网络上的各种网络道德失范现象和行为，可以从青年学生的道德心理角度进行分析，包括网络道德认知的混乱，网络道德情感的变异，网络道德意志的弱化等。我们也可以以从众心理、对抗心理、群体极化心理、黑暗三人格等心理现象出发阐释网络道德失范行为产生的原因。本章将主要介绍青年学生网络道德失范的心理机制，以便为制定行之有效的应对干预策略提供依据。

第一节　网络道德失范与个体心理

一　网络道德的个体心理概述

道德认知发展理论是皮亚杰在对人们道德心理发展进行长期研究后提出的一种关于道德主体行为认知的理论。根据皮亚杰的观点，道德心理可以从形成机制和发展机制两个方面来研究。他认为，道德心理的形成和发展除了与道德主体的内在变化有关外，还与道德主体所处的环境这一外部因素密切相关。皮亚杰认为，道德心理的形成是通过同化和顺化两个途径来实现的。同化是指主体在接收外在环境信息以后，根据需要将外界信息纳入现有的心理认知结构的过程。顺化是指主体根据外在信息的变化，对心理认知结构不断进行调整，使心理认知同外在信息相适应的过程。同化和顺化在主体的心理认知过程中起着关键性的作用，二者相互联系，共同促使道德主体产生心理认知，形成道德心理。

在道德心理发展方面，皮亚杰认为，道德心理不是一成不变的，它随着主体的认知状况和外在信息的变化而不断发展变化，这种发展过程实际上就是主体的道德心理与外在环境相适应，以保持心理机制与外在环境相互平衡的过程。这种保持平衡的过程是动态的，由最初不稳定、不平衡的状态逐渐过渡到稳定、平衡的状态。皮亚杰关于道德心理发展的理论不仅关注道德主体的内在变化，还考察了外在环境对道德主体的影响，他认为道德心理的形成和发展是主客体相互作用的结果，进而揭示了道德心理形成和发展的一般规律。

一般地讲，道德的心理成分由道德认知、道德情感、道德意志组成。其中，道德认知涉及人们对网络道德规范及其执行意义的认知，道德情感涉及人们对网络道德原则、规范的认同和接受，而道德意志体现为个体践行网络道德的行为。

二　网络道德失范的心理成因

（一）网络道德认知的混乱

网络道德认知是指对网络道德规范及其执行意义的认知。网络道德认知的结果是形成网络道德观念和原则，并运用这些观念和原则判断是非善恶，调节自身的网络行为。首先，网络具有开放性和虚拟性特点，不同国家、不同地区、不同价值观念和生活习俗的团体、个人在网络上出入自由，纵横驰骋，多元文化和多元价值观在网络上交汇，冲击青年学生的价值观念，使得正处于人生观价值观形成关键期的青年学生困惑、迷茫，是非真假一时间难以作出清醒的判断和抉择。其次，信息生产具有多元性，网络上信息泛滥和庞杂，充斥着色情、暴力等各种垃圾信息，青年学生缺乏相应的分辨是非善恶能力和自控能力，很容易受新奇刺激的信息的诱惑，长期接触后容易削弱其对网络道德的判断能力，导致了网络道德认知的紊乱，产生道德相对主义或道德虚无主义，形成"想干什么就干什么""只要你肯干的，什么都是可以干的"错误认知。例如，有部分青年学生在网络空间里公开谈论别人的隐私、发表诽谤言论，这是缺乏对国家颁布的安全文明使用网络的规范、法规的认识和认同所造成的。

（二）网络道德情感的变异

网络道德情感是人对道德原则、规范在情绪上的认同、共鸣，又是人对网络道德理想、道德构建的向往之情。网络道德情感是同人的道德需要密切相关的一种道德心理活动。简言之，网络道德需要通过道德情感表现出来，网络道德需要的满足通过道德情感活动来实现，而网络道德需要直接决定道德主体活动的方向。因此，网络道德情感是人们对网络道德原则、规范的认同和向往之情，它与网络道德需要的形成和满足密切相关，对个人网络道德行为具有心理驱动和定向作用。网络道德情感常常成为网络道德行为的内部动力。长期经受网络的熏烤，网民之间的网络道德情感很容易产生变异。"人—机—人"足不出户，靠一根网线、一个信号就可以沉浸在网络世界里，网民极有可能导致产生紧张、孤僻、冷漠及其他心理健康问题，导致人与人之间关系的疏远和道德情感的失落、变异。

随着网络的高速发展尤其是新冠肺炎疫情的影响，宅家办公、宅家上学、宅家购物成了现实的需要，人与人之间面对面的交往机会大为减少，人们终日与网络终端打交道，整天沉溺于网络社会中而不能自拔，以至于对现实社会生活中的他人与社会越来越不关心。另外，在网络世界里不少青年学生沉迷网络，下了网就整日恍恍惚惚，无精打采，人与人之间交流和沟通仅仅是点击鼠标和敲打键盘，用虚拟代替现实，削弱了人与人面对面的实际社会交往，人的内心世界被隐藏，长时间上网产生紧张、孤僻、情感缺失等症状，严重危害了身心健康。人是社会动物，人在其现实性上是一切社会关系的总和。人与人之间的情感交流和心灵沟通在一个人成长和社会化过程中起着十分重要作用，青年学生沉迷网络世界，脱离群体，脱离了丰富的社会实践，对周围人际关系漠不关心，失去对周围环境的感受力和积极参与意识，容易忘记现实的真情实感，造成自我情感迷失，从而影响道德情感发展的社会性和稳定性。这些都可能带来网络道德情感的异化，从而引发网络道德失范行为的发生。

（三）网络道德意志的弱化

网络道德意志是指行为主体在面对网络环境中多种道德原则和利益冲突时，为保持对社会所倡导的道德责任和义务的履行而表现出来的一种自我克制、坚韧不拔、克服困难、始终不移的精神状态，它是践行网络道德行为的最终决定性因素。网络空间信息内容的数字化和交往主体的符号化，使主体的道德关系和网络道德原则虚拟化，进而使得网络道德意志从现实走向虚拟。"在互联网上，没有人知道你是一只狗"就是这种特征的经典表述。在缺乏社会规范强制约束的"虚拟社会"中，个体必须有很强的道德自律性。而青年学生心理不成熟，道德责任意识和道德自律性不强，网络道德对人的约束极大地依赖于人的内在道德信念。网络的虚拟性使青年学生与社会真实交往大为减少，缺少真情实感，长期冷漠的人机交往容易忽视理性道德价值的追求，忽视对网络活动道德结果的预见和道德责任意识；同时，青年学生在网络空间的频繁角色转换容易导致网络自我认知的混乱和网络道德责任的缺失，以及网络道德意志和道德信念的虚无。它们在破坏了青年学生正确的道德认知和正常的身心健康的同时，破坏了他们的意志品质，如自觉性、坚韧性、果断性和自制性，从而引发网络道德失范行为频发。

三　网络化身

Neal Stephenson（1992）使用"化身"一词来表示人们通过计算机技术实现用一般图像作为在虚拟世界的表现。现在研究者则将网络化身用来指代网络世界中的虚拟人，即个体在探索虚拟世界或者游戏过程中用来展示自我的数字化形象的代名词。与传统的面对面（face to face）交往的社会关系不同，在虚拟社会关系（virtual social relationship）中，人们开始以化身为表征在网络中进行交流。

对于青年学生来说，网络化身与其现实身份可能存在不一致。由于网络空间的虚拟性、匿名性的特性，网络化身不同于现实世界的物质实体，网络化身确实存在但又不是客体化的具体事物，又为网络使用者在网络空间中进行自我表达提供了线索（吴晓丹，2017）。网络为青年学生选择化身提供了一个自由的环境，他们可以任意地选择能代表其网络形象的网络化身，包括头像、签名在内的各种个人化身表征并用来作为一种在网络里的数字伪装。在网络中使用的这一化身可能和青年学生的现实自我并不一致。这就是有些青年学生在网络生活和现实生活中差距很大的可能原因。

网络化身使得青年学生通过数字化的伪装，在网络空间中大体形成了三大类型的网络人格，包括释放压抑型的网络人格、追求理想型的网络人格和与现实一致型的网络人格（孙健，2005）。其中，释放压抑型的网络人格和追求理想型的网络人格往往会引发网络道德失范。青年学生可能出于对理想型的自我和角色的渴求，在虚拟化身交流时容易发生网络道德失范行为。研究也发现，在使用虚拟化身进行交流时，人们往往会忽视甚至拒绝承担自己的责任（Galanxhi et al.，2007）。

第二节　网络道德失范与群体心理

一　从众心理

从众是指个体由于受到群体或舆论上的压力，从而在观点和行为上不由自主地趋向于跟多数人一致的现象，即通常所说的"随大流"。当下，随着网络的普及与新媒体的发展，青年学生的从众表现更是多种多样。网络道德失范行为也受到从众心理的影响。网络用它的虚拟现实技术创造了一个独特的文化空间，成为一种强大的社会力量。网络以信息海量更新迅速、互动性强等优势最大限度地吸引了青年学生的注意力。青年学生虽然自我意识急剧发展，充满热情，勇于创新，但是另一方面，他们又缺乏独立判断能力，自制力意志力及分辨是非的能力不强，往往会陷入焦虑、困惑和迷茫之中，表现出随波逐流，盲目从众的现象。因此某些网络道德失范行为，如浏览黄色网站、使用不文明语言、恶意评论等往往是受到网民同伴影响而出现的"随大流"行为。

二　对抗效应

对抗效应就是指当人们无法得到某样东西时就会更想要得到这样东西，而最早的对抗效应研究发现当人们的行动自由受到限制时，人们就会更想要与此进行对抗，试图恢复自由。而在网络上发生了一些非常热门的事件之后，如果有关部门和主体不对此进行回应，反而屏蔽舆论，甚至逃避谈论此话题，那么就更容易使网友们群情激奋，积极讨论，产生对抗效应，最终形成网络群体性道德失范行为事件。青年学生作为网络的主要网民群体之一，很容易受到舆论的影响，成为网络道德失范行为参与者之一。

三　群体极化心理

群体极化（group polarization）一词由美国詹尼斯·斯托纳教授于1961年提出，指的是在群体决策过程中，个体的意见或决策结果往往屈从于与群体间讨论的影响，从而产生群体近乎一致的倾向性结论，且此结论的风险性更高。后来美国法学教授凯斯·桑斯坦又在著作《网络共和国——网络社会中的民主问题》中，将其稍作简化，成为如今流传较为广泛的定义："团体成员一开始即有某些偏向，在商议后，人们朝偏向的方向继续移动，最后形成极端的观点。"凯斯·桑斯坦认为在网络和新的传播技术领域里，志同道合的团体会彼此进行沟通讨论，到最后他们的想法和原先一样，只是形式上变得更极端了。可以看出，桑斯坦认为随着网络的快速发展，网络群体极化比现实中的群体极化现象显得更为严重。美国学者尼古拉斯·尼葛洛庞帝在《数字化生存》一书中指出，网络中"个人时代"的到来，使网民可以自主地表达，而这种自由表达更是为了坚定自我，导致网络政治群体中的"群体极化"现象的产生。法国社会心理学家古斯塔夫·勒庞在其著作《乌合之众：大众心理研究》中也指出，个体一旦组成群体，就会变得非理性、易激动，少判断、易被权威左右，因而容易走向极端。[1]

　　网络突破了以往线下传播方式，人们把意见表达的平台和情感宣泄的窗口都放到网络上，青年学生作为网络空间的重要力量，在网络舆论被主导的情况下，很容易产生群体极化心理，一个偶然事件就会使他们闻风而动网聚在一起，从而获得群体行为的特有属性，具有无组织性、迅速集结性和易散性的特点，与网络特性相契合，也是造成网络道德失范行为发生的心理机制之一。

第三节　网络道德失范与人格特征

一　人格概述

　　人格是指一个人与社会环境相互作用表现出的一种独特的行为模式、思想模式和情绪反应的特征，是一个人区别于他人的特征之一。有时候，人们经常运用"个性"一词表达人格的概念。人格心理学的研究往往关注在激发个体的特定社会行为时的倾向性差异。

　　20 世纪 80 年代以来，西方"大五"人格结构模型的出现被称为"人格心理学领域的一场静悄悄的革命"。在此之后，很多研究者认为"大

---

　　[1]　［法］古斯塔夫·勒庞：《乌合之众：大众心理研究》，冯克利译，中央编译出版社2000 年版，第 20—21 页。

五"因素模型是适合全人类的。大五人格有外向性、宜人性、责任心、开放性和情绪性五个人格维度。一些研究发现，大五人格可能会影响网络道德失范。例如，苑广哲发现，大学生大五人格可以显著预测网络欺凌行为，大学生自我控制水平可以显著负向预测网络欺凌行为，而大五人格五个维度都既可直接影响网络欺凌行为，也可通过自我控制间接影响网络欺凌行为。

从大五人格五个维度以及子维度的描述来看，它的缺陷之一就在于过度偏向对人格的光明面的分析。然而，如哲学家普罗提诺所说："我们被要求把人类作为宇宙最智慧的存在，但事实上，人类处于神和禽兽之间，时而倾向一类，时而倾向另一类；有些人日益神圣，有些人变成野兽，大部分人保持中庸。"大五人格仅仅关注人格的光明面肯定是不全面的，那些隐藏的暗黑人格同样与之共生，两者全面刻画了人格的动态矛盾和复杂性。基于马基雅维利主义、精神病态和自恋三种令人讨厌的人格特质的共生性而形成的新的人格特质群正好弥补了大五人格的局限性，成为人格领域的研究热点话题之一。由于这三种特质往往与消极行为有关，研究者将这三种因素称为黑暗三联征。

二　黑暗三联征

（一）黑暗三联征概述

黑暗三联征是三个独立因子的汇聚，包括马基雅维利主义、精神病态和自恋。黑暗三联征的三个成分之间存在大量的重叠，有研究证明黑暗三联征之间的相关均为正向显著相关，并且大部分相关系数在 0.5 以上。其中，精神病态与马基雅维利主义间的相关系数最高，自恋与马基雅维利主义间的相关系数最低。在分别控制了黑暗三联征的三个因子后研究人员发现：马基雅维利主义可正向预测抄袭和避免冒险；自恋可正向预测自我强化和在自我受威胁后的攻击；精神病态可正向预测欺凌和报复意向。

（二）马基雅维利主义

马基雅维利主义是一种以不诚实和冷酷无情为特点的人格特征，通常倾向于采用人际剥削的交往风格以获取自身利益。[①] 它借用政治学家马基

---

① Christie, R. & Geis, F. L. （1970）, Studies in Machiavellianism, New York：Academic Press.

雅维利（1469—1527）之名，揭示了权力使用上的个体差异和权力在普通人群中的非平均分配。为了达到自己的目的忽略他人的感受，并会掩盖自己的真实目的，欺骗和操纵他人以获得他人的信任而达到自己的目的，这种剥削策略的交往风格源于高马基雅维利主义个体在同他人交往的过程中的较低程度的情感卷入度。已有研究证实，高马基雅维利主义个体具有较低程度的移情。此外，通常高马基雅维利主义的个体会抱有愤世嫉俗的世界观，认为对他人实施操纵手段是合理的。

（三）自恋

自恋者通常倾向于支配他人，具有夸张的行为方式以及拥有优越感的内心体验。过分地追求成功渴望关注，不能够很好地同他人合作。同马基雅维利主义者相同的是为达目的不择手段，不惜伤害别人来实现个人利益而不考虑他人的感受，有着膨胀的自我价值感，自尊易受威胁，而自恋者夸张的表现通常是在掩饰自身的低自尊和自卑。

（四）精神病态

精神病态可以视为一种存在于正常人群中的亚临床症状，其主要特征是冷酷无情，麻木不仁，易冲动。对他人缺乏同情，道德感缺失，喜好追求刺激，有着鲁莽、冲动不负责任的行为方式，精神病态者通常有较多的反社会行为，对他人有着消极的态度。同马基雅维利主义和自恋相同的是精神病态的个体也习惯于采取欺骗的手段达到自己的目的。精神病态包括以冷酷无情和人际操纵为核心的初级精神病态以及以不稳定的生活风格和反社会行为为主要特征的次级精神病态。[①]

目前，较少有研究直接探讨黑暗三联征与青年学生网络道德失范的关系。但是，大量研究探讨了黑暗三联征与不道德行为的关系。例如，研究者发现，高马基雅维利主义者比低马基雅维利主义者产生更多的不道德行为（Hegarty & Sims，1979）。因此，我们计划在本研究中探讨黑暗三联征是否会引发青年学生的网络道德失范。

---

① Hodson，G.，Hogg，S. M.，& MacInnis. C. C.（2009）. The Role of Dark Personalitie（Narcissism，Machiavellianism，Psychopathy），Big Five Personality Factors，and Ideology in Explaining Prejudice. Journal of Research in Personality，43，686-690.

第六章

青年学生网络道德失范行为的实证研究

青年学生的网络道德失范行为不仅会对其身心健康成长造成不利影响，还可能会对和谐社会建设造成妨碍。目前，对于青年学生网络道德失范行为的研究往往聚焦现象学层面，也缺乏科学评估青年学生网络道德失范行为的工具，从而限制了对其作用机制的探讨，难以形成对青年学生网络道德失范行为的有效干预策略。为此，本研究试图编制科学的测量青年学生网络道德失范行为的测量工具，在此基础上分析青年学生网络道德失范行为的可能作用机制，从而为青年学生网络道德失范行为的干预提供理论依据。

第一节 青年学生网络道德失范行为的现状分析

一 青年学生网络道德失范行为的现状

（一）研究对象

921 名青年学生参加了本次调研，最后获得有效问卷 840 份，回收率为 91.2%。被试的人口统计学信息见表 6-1。

表 6-1　　　　　　　　　　人口统计学信息

	选项	人数	占比
性别	男	258	30.7%
	女	582	69.3%
年龄	18 岁及以下	103	12.2%
	18 岁以上	737	87.8%

续表

	选项	人数	占比
独生子女	是	500	59.5%
	否	340	40.5%
学生干部	是	427	50.8%
	否	413	49.2%
生源地	城市	540	64.3%
	农村	235	28.0%
	乡镇	65	7.7%

（二）调查问卷

研究者自编了《青年学生网络道德失范行为问卷》。研究者在专家访谈、文献分析的基础上筛选出 24 种有代表性的网络道德失范行为。测试中要求被试回忆在过去六个月内自己是否做过上述 24 种行为，并以"从不、偶尔、有时、经常、总是"作答。我们对被试的回答分别给予 5 点计分。

（三）结果

青年学生网络道德失范行为的现状见表 6-2。

表 6-2　　　　　　　　青年学生网络道德失范行为的现状

题目	平均数	标准差	从不/%	偶尔/%	有时/%	经常/%	总是/%
1. 逃课去上网	1.28	0.669	82.3	9.3	6.9	1.3	0.2
2. 浏览色情网站	1.58	0.980	66.0	19.6	7.9	3.8	2.7
3. 浏览色情图片、小说、视频	1.65	0.993	60.5	24.0	8.2	4.6	2.6
4. 通宵上网导致无法上课	1.38	0.769	74.4	17.0	5.6	1.9	1.1
5. 为了上网，不参加集体活动	1.37	0.736	74.6	16.4	6.4	2.0	5.0
6. 随便在网络群组里@别人	1.48	0.845	68.7	20.1	6.4	3.3	1.1
7. 下载色情图片、小说、视频	1.38	0.863	77.7	13.3	3.9	3.1	2.0
8. 未经他人同意网络上发布他人的图片、视频	1.37	0.738	73.7	18.8	4.8	1.9	0.8
9. 因为上网太多，学习成绩越来越差	1.58	0.912	62.5	23.7	9.0	2.7	2.0
10. 因为上网太多，身体状况越来越差	1.72	0.986	55.2	26.4	12.0	3.8	2.5

续表

题目	平均数	标准差	从不/%	偶尔/%	有时/%	经常/%	总是/%
11. 未经他人同意泄露别人的信息	1.37	0.748	74.9	17.1	4.9	2.4	0.7
12. 匿名在网络上辱骂别人	1.36	0.756	75.7	16.8	4.5	1.8	1.2
13. 因为上网太多，人际交往越来越少	1.58	0.900	61.8	24.6	8.7	3.2	1.7
14. 在网络上用美德来要求别人做出善举	1.38	0.783	75.2	15.5	6.0	2.4	1.0
15. 进行网络刷单	1.26	0.668	82.1	12.6	3.0	1.3	1.0
16. 在网络上散布电脑病毒	1.17	0.621	90.8	4.4	2.5	1.3	1.0
17. 朋友圈不停地刷屏	1.32	0.756	79.5	13.9	3.5	1.4	1.7
18. 在论坛里恶意地灌水	1.20	0.658	89.3	4.9	2.9	2.4	0.6
19. 一直给别人发语音留言	1.50	0.817	64.3	25.8	6.9	1.3	1.7
20. 盗用别人的QQ等网络账号，冒充他人	1.20	0.655	88.5	6.0	3.0	1.5	1.0
21. 网络上隐瞒自己的真实身份与网友交往	1.49	0.875	69.6	18.0	8.2	2.5	1.7
22. 网络群组里发广告、拉赞助	1.31	0.672	77.9	16.5	3.3	1.7	6.0
23. 进行恶意差评	1.18	0.603	89.6	5.7	2.6	1.3	0.7
24. 制作不良表情包在网络上发布	1.26	0.772	86.3	7.3	2.3	2.4	1.8

从表6-2青年学生网络道德失范行为的现状分析中可知：

（1）在24种代表性行为中，第10题"因为上网越来太多，身体状况越来越差"的平均得分最高，行为发生的频率也较高（44.7%），说明上网频次过多是青年学生网络道德失范行为的典型表现。

（2）在24种代表性行为中，第2题"浏览色情网站"、第3题"浏览色情图片、小说、视频"、第9题"因为上网太多，导致学习成绩越来越差"、第13题"因为上网太多，人际交往越来越少"的行为发生比例分别为34%、39.5%、37.5%、38.2%。其中，第2题和第3题是关于网络色情方面，违背了纯洁的道德规范。根据马斯洛的需要层次理论，性的需求属于生理需求，与其他需求相比较早发生，先行满足之后才会产生爱、尊重等更高层次的需求。之所以网络色情行为发生较多可能是由于青年学生处在青春期发展阶段，对异性和性生理需求方面处于较高状态。第

9 题和第 13 题涉及上网太多导致学习和人际交往出现问题。如果青年学生将更多的精力、时间投入和沉湎于网络中，可能会减少学习、与他人打交道的机会，导致学业及人际关系的不利后果。

（3）在 24 种代表性行为中，参与程度较低的是第 16 题的"在网络上散布电脑病毒"、第 18 题的"在论坛里恶意地灌水"、第 20 题的"盗用别人的 QQ 等网络账号，冒充他人"、第 23 题的"进行恶意差评"，未参与比例分别为 90.8%、89.3%、88.5%、89.6%。这些均属于网络侵害行为，涉及伤害他人权益。参与程度较低可能是因为青年学生的道德水平相对较高，不愿意做出伤害他人的行为。

综合上述发现可以看出，青年学生更多参与那些对自身造成伤害的网络道德失范行为，较少参与对他人利益造成伤害的网络道德失范行为。

二　青年学生网络道德失范行为的结构

为了探究青年学生网络道德失范行为的结构，我们采用探索性因子分析方法，对所编制问卷的 24 道题项进行因子分析，以提取出具有概括力的新因子。在本研究中，因子分析采用主成分分析（principal components）作为抽取因子的方法，以特征值大于 1 作为选择因子的标准，采用正交旋转法中的直接斜交法作为转轴方法，以降低因子的复杂性。由于因子分析的前提条件是观测变量之间存在一定的相关性，如果变量之间的相关程度很小，就不可能共享公因子。因此，在进行因子分析之前先计算出相关矩阵以观测变量之间的相关程度。

在本研究中，我们运用 KMO（Kaiser - Meyer - Olkin Measure of Sampling Adequacy）测度和 Bartlett's 球状检验（Bartlett's Test of Sphericity）方法评估对项目进行因子分析的适当性。经检验，量表的KMO 值为 0.958，Bartlett's 球状检验的卡方值为 12499.613，df = 276，Sig = 0.000，说明存在潜在共享因子，可以进行因子分析。第一次因子分析共析出 3 个因子，3 个因子的累积方差解释率 59.442%。对第一次因子分析结果的分析表明，发现第 6 题的因子负荷较低（小于 0.4），因此剔除第 6 题。对剩余 23 道题项进行二次因子分析后发现，这 23 道题项的KMO = 0.956，巴特利特球状检验的卡方值为 12045.521，df = 253，Sig = 0.000。析出特征值大于 1 的因子 3 个，因子结构清晰，所有题项在相应因子上的负荷均超过 0.4（见表 6 - 3），3 个因子的累积方差贡献率为 60.266%。

表 6-3　　　青年学生网络道德失范行为量表的因素分析结果

	成分		
	网络侵害	网络色情	网络滥用
22. 网络群组里发广告、拉赞助	0.838		
23. 进行恶意差评	0.818		
16. 在网络上散布电脑病毒	0.813		
20. 盗用别人的 QQ 等网络账号，冒充他人	0.768		
18. 在论坛里恶意地灌水	0.734		
24. 制作不良表情包在网络上发布	0.732		
15. 进行网络刷单	0.727		
19. 一直给别人发语音留言	0.724		
17. 朋友圈不停地刷屏	0.706		
14. 在网络上用美德来要求别人做出善举	0.677		
21. 网络上隐瞒自己的真实身份与网友交往	0.654		
12. 匿名在网络上辱骂别人	0.499		
11. 未经他人同意泄露别人的信息	0.459		
8. 未经他人同意网络上发布他人的图片、视频	0.450		
3. 浏览色情图片、小说、视频		0.952	
2. 浏览色情网站		0.940	
7. 下载色情图片、小说、视频		0.725	
10. 因为上网太多，导致身体状况越来越差			0.880
9. 因为上网太多，导致学习成绩越来越差			0.835
4. 通宵上网导致无法上课			0.653
5. 为了上网，不参加集体活动			0.648
13. 因为上网太多，导致人际交往越来越少			0.561
1. 逃课去上网			0.442

　　根据因子分析结果和各因子题项的含义为这 3 个因子命名。其中，因

子 1 命名为"网络侵害"因子，包括第 8、11、12、14、15、16、17、18、19、20、21、22、23、24 题共 14 道题项，主要描述青年学生在使用网络过程中对他人的侵犯和伤害；因子 2 命名为"网络色情"因子，包括第 2、3、7 题共 3 道题项，主要描述青年学生在网络上观看、浏览色情网站、图片等行为；因子 3 命名为"网络滥用"因子，包括第 1、4、5、9、10、13 题共 6 道题项，主要描述青年学生在学习生活中的不当网络使用行为。

研究还对量表的信度进行了检验。研究分析了量表的内部一致性 Cronbach's α 系数后发现，3 个因子的 Cronbach's α 系数分别为 0.937、0.908、0.817，整个量表的 Cronbach's α 系数为 0.8448。从信度分析的结果可以看出，三个因子的 Cronbach's α 信度系数均超过 0.7，具有较高的内部一致性，信度良好。这表明，本研究编制的青年学生网络道德失范行为量表的各项指标均达到统计学标准，是一个比较可靠的测量工具，可采用该量表测量青年学生的网络道德失范行为。

三　青年学生网络道德失范行为的关系分析

我们对青年学生网络道德失范行为的现状以及三个因子得分进行了描述性统计分析和相关分析。分析结果见表 6-4 和表 6-5。

表 6-4　　　　　青年学生网络道德失范行为的描述性统计分析

	平均值	标准差
网络侵害	1.31	0.58
网络色情	1.54	0.87
网络滥用	1.49	0.65
网络道德失范行为	1.39	0.52

由表 6-4 可知，网络侵害因子的平均值为 1.31，网络色情因子的平均值为 1.54，网络滥用因子的平均值为 1.49，网络道德失范行为的平均值为 1.39。从 3 个因子的平均值可以发现，网络色情因子得分最高，其次是网络滥用，最后是网络侵害。可见在日常生活中，青年学生发生频率最高的网络道德失范行为应是浏览色情内容的行为，发生频率最低的是网络侵害行为。

表 6-5　　　　　　　青年学生网络道德失范行为的因子间相关分析

	网络侵害	网络色情	网络滥用	网络道德失范行为
网络侵害	1			
网络色情	0.575**	1		
网络滥用	0.676**	0.474**	1	
网络道德失范行为	0.953**	0.719**	0.826**	1

注：**，$P<0.01$。

由表 6-5 可知，各个因子之间呈显著正相关相系，其中，网络侵害与网络色情因子之间相关显著，相关系数为 0.575；网络侵害与网络滥用之间相关显著，相关系数为 0.676；网络色情与网络滥用之间相关显著，相关系数为 0.474。这表明，当青年学生做出某一网络道德失范行为时，还可能会做出其他类型的网络道德失范行为。因此，网络道德失范是一种总体性的道德失范现象。

第二节　青年学生网络道德失范行为的影响因素

一　青年学生网络道德失范行为的影响因素

为了研究青年学生网络道德失范行为的影响因素，我们收集了 606 名青年学生的数据。他们除了完成青年学生网络道德失范行为问卷之外，还填写了人口统计学信息，包含性别、年龄、生源地、是否独生子女、是否学生干部、政治面貌、所学专业、网龄、每天上网时间。依据这些人口统计学信息，我们探究了以上信息是否会影响青年学生的网络道德失范行为。

（一）性别

606 名被试中男性 203 人，女性 403 人。对性别进行独立样本 t 检验，结果见表 6-6。男女学生在网络道德失范行为（$t=4.687$，$P=0.002$）、网络侵害（$t=3.542$，$P<0.001$）、网络色情因子（$t=8.185$，$P<0.001$）上均存在显著差异。其中，男性网络道德失范行为以及网络侵害因子得分、网络色情因子得分均显著高于女生。这表明，男生比女生做出了更多的网络道德失范行为。

表 6-6 　　　　青年学生网络道德失范行为的性别差异

	男性		女性		t	P
	平均数	标准差	平均数	标准差		
网络侵害	23.01	11.39	20.18	8.03	3.542	0.000
网络色情	6.17	3.47	4.27	2.21	8.185	0.000
网络滥用	9.95	4.09	8.93	3.98	2.939	0.344
网络道德失范行为	39.13	16.36	33.38	13.06	4.687	0.002

（二）生源地

606 名青年学生中生源地为城市的有 404 人，农村有 159 人，乡镇有 43 人。以生源地为自变量，网络侵害因子得分、网络色情因子得分、网络滥用因子得分、网络道德失范行为总分为因变量进行方差分析，结果见表 6-7。生源地因素在网络侵害因子得分、网络色情因子得分、网络滥用因子得分、网络道德失范行为总分上均无显著差异。这表明，生源地并不会影响青年学生的网络道德失范行为。

表 6-7 　　　　青年学生网络道德失范行为的生源地差异

	城市		农村		乡镇		F	P
	平均数	标准差	平均数	标准差	平均数	标准差		
网络侵害	20.87	8.93	21.07	9.15	23.91	13.32	2.047	0.130
网络色情	4.82	2.78	4.86	2.71	5.84	3.66	2.515	0.082
网络滥用	9.18	4.08	9.13	3.74	10.40	4.58	1.831	0.161
网络道德失范行为	34.90	14.02	35.06	13.84	40.14	19.76	2.592	0.076

（三）是否独生子女

606 名青年学生中独生子女 379 人，非独生子女 227 人。对是否独生子女进行独立样本 t 检验，结果见表 6-8。是否独生子女因素在网络侵害因子得分、网络色情因子得分、网络滥用因子得分、网络道德失范行为总分上均无显著差异。这表明，是否独生子女并不会影响青年学生的网络道德失范行为。

表 6-8　　　　　青年学生网络道德失范行为的是否独生子女差异

	独生子女		非独生子女		t	P
	平均数	标准差	平均数	标准差		
网络侵害	21.36	9.55	20.77	9.08	0.75	0.447
网络色情	4.90	2.84	4.91	2.82	-0.069	0.971
网络滥用	9.34	4.19	9.14	3.78	0.588	0.067
网络道德失范行为	35.60	14.68	34.82	14.16	4.636	0.381

（四）是否学生干部

606 名青年学生中学生干部 302 人，非学生干部 304 人。对是否学生干部进行独立样本 t 检验，结果见表 6-9。是否学生干部在青年学生网络色情因子（$t = -2.721$，$P = 0.001$）上存在显著差异，其中学生干部的网络色情因子得分显著低于非学生干部。这表明，学生干部比非学生干部学生较少参与网络色情行为。

表 6-9　　　　　青年学生网络道德失范行为的是否学生干部差异

	学生干部		非学生干部		t	P
	平均数	标准差	平均数	标准差		
网络侵害	21.11	8.82	21.18	9.92	-0.082	0.302
网络色情	4.59	2.59	5.22	3.04	-2.721	0.001
网络滥用	9.07	4.09	9.46	3.99	-1.185	0.699
网络道德失范行为	34.78	13.63	35.86	15.31	-0.913	0.305

（五）政治面貌

606 名青年学生中政治面貌为党员 40 人，团员 532 人，群众 34 人。以政治面貌为自变量，对网络侵害因子得分、网络色情因子得分、网络滥用因子得分、网络道德失范行为总分为因变量进行方差分析，结果见表 6-10。政治面貌因素在青年学生网络色情因子（$F = 5.752$，$P = 0.003$）得分上有显著差异，党员的网络色情因子得分显著低于团员、群众，而群众的网络色情因子平均得分最高。这表明，党员学生比团员和一般学生较少参与网络色情行为。

表 6-10　　　　　青年学生的网络道德失范行为的政治面貌差异

	党员		团员		群众		F	P
	平均数	标准差	平均数	标准差	平均数	标准差		
网络侵害	22.23	11.21	20.95	9.14	22.79	10.71	0.903	0.406
网络色情	4.28	2.61	4.86	2.77	6.38	3.59	5.752	0.003
网络滥用	9.58	4.74	9.19	3.92	10.15	4.93	1.030	0.358
网络道德失范行为	36.08	17.58	35.00	14.09	39.32	16.41	1.487	0.227

（六）专业

606 名青年学生中专业为文科 248 人，理科 87 人，工科 57 人，医学 4 人，艺术 193 人，农林 1 人，其他 16 人。以专业为自变量，对网络侵害因子得分、网络色情因子得分、网络滥用因子得分、网络道德失范行为总分为因变量进行方差分析，结果见表 6-11。专业因素在青年学生网络色情因子（$F = 2.217$，$P = 0.040$）得分上有显著差异，在网络色情因子得分上，从低到高分别为农林、医学、理科、文科、艺术、工科、其他。

表 6-11　　　　　青年学生的网络道德失范行为的专业差异

	文科		理科		工科		医学		艺术		农林		其他		F	P
	平均数	标准差	平均数	标准差	平均数	标准差	平均数	标准差	平均数	标准差	平均数	标准差	平均数	标准差		
网络侵害	21.49	10.08	21.56	8.17	20.02	9.50	21.25	7.59	20.24	7.86	20.00	/	28.25	16.69	2.076	0.054
网络色情	4.85	2.80	4.29	2.03	5.32	3.05	4.25	2.50	4.99	3.01	4.00	/	6.81	3.64	2.217	0.040
网络滥用	9.41	4.51	9.84	3.27	9.25	3.61	9.50	3.11	8.63	3.52	8.00	/	11.63	6.24	2.089	0.053
网络道德失范行为	35.75	15.97	35.69	11.92	34.58	14.51	35.00	12.73	33.87	11.90	32.00	/	46.69	25.38	2.067	0.055

（七）网龄

606 名青年学生中网龄不到 1 年的 8 人，1—4 年的 77 人，4—7 年的 125 人，7—10 年的 195 人，10 年以上的 201 人。以网龄为自变量，网络侵害因子得分、网络色情因子得分、网络滥用因子得分、网络道德失范行为总分为因变量进行方差分析，结果见表 6-12。网龄因素在网络侵害因子得分、网络色情因子得分、网络滥用因子得分、网络道德失范行为总分均无显著差异。这表明，网龄长短并不会影响青年学生的网络道德失范行为。

表6-12　　　　　青年学生的网络道德失范行为的网龄差异

	不到1年		1—4年		4—7年		7—10年		10年以上		F	P
	平均数	标准差	平均数	标准差	平均数	标准差	平均数	标准差	平均数	标准差		
网络侵害	22.63	13.06	22.48	10.20	20.78	8.97	20.78	9.19	21.14	9.36	0.561	0.691
网络色情	5.63	2.33	4.30	2.47	4.59	2.49	4.97	2.85	5.24	3.13	2.128	0.076
网络滥用	11.38	4.57	10.16	4.17	9.02	3.68	9.19	4.20	9.06	3.99	1.747	0.138
网络道德失范行为	39.63	17.83	36.94	15.59	34.39	13.94	34.95	14.43	35.44	14.36	0.578	0.678

（八）上网时间

606名青年学生中每天上网时间为1小时以内的21人，1—4小时的221人，4—7小时的249人，7小时以上的115人。以每天上网时间为自变量，网络侵害因子得分、网络色情因子得分、网络滥用因子得分、网络道德失范行为总分为因变量，进行方差分析，结果见表6-13。每天上网时间因素在青年学生网络侵害因子得分（$F=4.316$，$P=0.005$）、网络滥用因子得分（$F=5.233$，$P=0.001$）、网络道德失范行为总分（$F=4.587$，$P=0.003$）上有显著差异。在网络侵害因子得分中，每天上网时间1小时以内的被试的得分显著高于7小时以上、1—4小时、4—7小时的被试的得分。在网络滥用因子得分中，每天上网时间1小时以内的被试的得分显著高于7小时以上、1—4小时、4—7小时的被试的得分。在网络道德失范行为总分中，每天上网时间1小时以内的被试的得分显著高于7小时以上、1—4小时、4—7小时的被试的得分。这表明，每天上网时间长短会影响青年学生的网络道德失范行为。

表6-13　　　　　青年学生的网络道德失范行为的每天上网时间差异

	1小时以内		1—4小时		4—7小时		7小时以上		F	P
	平均数	标准差	平均数	标准差	平均数	标准差	平均数	标准差		
网络侵害	26.29	16.54	21.11	8.69	20.04	8.14	22.64	10.89	4.316	0.005
网络色情	5.48	3.50	4.57	2.49	4.92	2.69	5.40	2.84	2.470	0.061
网络滥用	11.43	6.46	9.45	3.88	8.63	3.36	9.89	4.83	5.233	0.001
网络道德失范行为	43.19	25.84	35.14	13.53	33.59	12.36	37.93	16.91	4.587	0.003

二　分析

（一）性别差异分析

研究发现，男女学生在网络道德失范行为以及网络侵害、网络色情因子上存在显著差异。其中，男性网络道德失范行为以及网络侵害因子得分、网络色情因子得分均显著高于女性。这表明，男性比女性更容易做出网络道德失范行为，这与已有性别与不道德行为关系的研究发现一致（Kish-Gephart，Harrison，& Treviño，2010）。可能原因在于，女性比男性更容易识别道德问题（Sparks & Hunt，1998），而大量研究发现，男性比女性表现出较高的道德推脱水平（Lazuras，Barkoukis，Ourda，& Tsorbatzoudis，2013；杨继平和王兴超，2012）。这意味着，男性比女性在做出网络道德失范行为以后更容易摆脱道德内疚和自责，这无疑提升了男性从事网络道德失范行为的意愿。此外，男性可能比女性更不愿意遵守规则，对性的渴望也更加强烈，所以相对于女性更容易在网络上做出伤害他人的行为以及网络色情相关行为。

（二）生源地差异分析

研究发现，生源地因素在网络侵害因子得分、网络色情因子得分、网络滥用因子得分、网络道德失范行为总分均无显著差异。随着我国经济、技术的发展，网络的普及程度较高，城市、农村、乡镇的网络发展水平相差不大，由此导致生源地差异不显著。

（三）是否独生子女差异分析

研究发现，是否独生子女因素在网络侵害因子得分、网络色情因子得分、网络滥用因子得分、网络道德失范行为总分上均无显著差异。这可能是由于独生或非独生子女并不会影响青年学生的网络使用情况，他们的生活区域主要是在学校，进入大学后家庭生活对他们的影响较小，所以是否独生子女没有影响青年学生的网络道德失范行为。

（四）是否学生干部及政治面貌方面的差异分析

研究发现，是否学生干部、政治面貌因素在青年学生网络色情因子上存在显著差异。其中，学生干部的网络色情因子得分显著低于非学生干部，党员的网络色情因子得分显著低于团员、群众，群众的网络色情因子平均得分最高。出现学生干部身份和政治面貌的差异可能是因为学生干部和党员本身就是选拔德才兼备的同学，尤其是党员同学一般是学生中的佼佼者。还有一种可能在于，当这些青年学生成为学生干部或党员后，他们会以更高的标准要求自己，促使自己表现出良好的品德，这导致他们表现出较低的网络道德失范行为。

（五）专业差异分析

如果只看理科、文科、艺术、工科四个专业可以发现，工科生的网络色情因子得分最高，其次是艺术、文科、理科，这可能是与工科专业中男生居多有关，而男生更易做出网络道德失范行为。

（六）网龄差异分析

研究发现，网龄因素在网络侵害因子得分、网络色情因子得分、网络滥用因子得分、网络道德失范行为总分上均无显著差异。青年学生接触网络的时间并没有影响他们的网络道德失范行为，从数据结果上来看，青年学生接触网络的时间都比较长，所调查样本的时间差异不大，导致对网络道德失范行为的影响较小。

（七）上网时间的差异分析

研究发现，每天上网时间因素在青年学生网络侵害因子得分、网络滥用因子得分、网络道德失范行为总分上有显著差异。在网络侵害因子得分中，每天上网时间1小时以内的被试的得分显著高于7小时以上、1—4小时、4—7小时的被试得分。在网络滥用因子得分中，每天上网时间1小时以内的被试的得分显著高于7小时以上、1—4小时、4—7小时的被试得分。在网络道德失范行为总分中，每天上网时间1小时以内的被试的得分显著高于7小时以上、1—4小时、4—7小时的被试得分。每天上网时间1小时以内的网络侵害因子得分、网络滥用因子得分、网络道德失范行为总分显著高于其他时长，可能原因在于，较短上网时间的青年学生的上网目的可能更为明确，例如获取色情相关信息或做出侵犯他人行为。进一步分析1—4小时、4—7小时、7小时以上三个上网时长可以发现，上网时间越长，网络侵害因子得分、网络滥用因子得分、网络道德失范行为总分就越高，可能原因在于青年学生接触网络越多，越容易沉浸其中，做出不道德行为的可能性也越大。

三　对策与建议

（一）加强网络方面的法律法规建设

网络属于一种高度开放、自由和隐匿的虚拟空间，彻底检查和完全控制网络不道德信息和非法信息是不可能做到的，因此在网上经常会出现种种不道德活动和违法行为。对此首先还是要通过强制性的法制法规加以规范。作为基本的、共同的道德规范的反映，法律法规是调整人们行为的重要手段，也是规范网络行为的重要方式。它能够有效地管理网络，尽可能地预防、减少各种网络不道德行为和网络犯罪行为。如果相关的法律法规出现漏洞，很多人会钻空子，容易做出网络道德失范行为。对于青年学生，一个良好的网络环境是至关重要的。加强我国网络法律法规建设，利用完备的相关法律法规实现对网络环境中多种恶性信息进行管理，营造出有利于青年学生健康成长的网络环境，从根源上改变青年学生的网络道德失范行为。

（二）提高青年学生的道德素质和思想政治素质

研究发现，与党员或学生干部相比，非学生干部、团员及群众表现出较多的网络道德失范行为。只有让青年学生自觉学习党的路线、方针政策和指导思想，用科学的理论指导自身道德素质建设，以高标准严格要求自己；通过科学的理论体系学习和丰富多彩的实践活动，提高他们的理论水平和实践能力，树立崇高的共产主义理想和信念，坚定对马克思主义的信仰，增强对党和政府的信任，树立辩证唯物主义和历史唯物主义的世界观、为人民服务的人生观和为中华民族伟大复兴做出贡献的价值观，才能够自觉地抵制拜金主义、享乐主义和极端个人主义等错误思想，才能在网络大海遨游时不迷失方向。

（三）学校应加强对青年学生网络道德的培养和教育

学校是青年学生生活、学习的地方，良好的学校环境对青年学生的良好道德行为的形成具有重要的促进作用，因此应当加强学校对学生思想的政治工作，为学生营造良好的学校环境。学校可以开展各种形式的校园活动，如有关网络道德规范的辩论赛、征文等，或者是开设道德有关的主题讲座来提高青年学生的道德素质。学校还可以充分发挥党员、学生干部的模范带头作用，为青年学生树立良好的道德榜样。通过加强网络道德教育，引导学生正确地看待网络，树立正确的网络交往道德观，注重网络道德能力的培养，特别是明辨是非的能力，青年学生可以在思想上建立起一道防止网络道德失范行为或违法犯罪行为的防火墙。学校还可以开设网络道德教育课程，有效地促进青年学生系统学习网络道德知识，使得青年学生的网络行为具有一定的参照性和制约性。这有利于提高青年学生的网络道德鉴别力，使青年学生了解什么是网络道德行为，什么是网络道德失范行为，从而减少各种网络道德失范和网络违法犯罪行为的发生，有利于青年学生的网络道德自律培养。

第三节　青年学生网络道德失范行为的心理机制

一　研究目的

本研究在所编制的《青年网络道德失范行为量表》的基础上，进一步研究青年学生网络道德失范行为的影响因素及其作用机制。在本研究中，我们主要探讨了青年学生的人格因素以及目标导向对网络道德失范行为的影响。

在青年学生的人格因素中，黑暗三联征（dark triad）有可能会导致青年学生的网络道德失范行为。研究发现，黑暗三联征与多种不道德行为有不同程度的相关，马基雅维利主义得分能够正向预测不道德行为，精神病态得分能够正向预测说谎（Harrison, Summers, & Mennecke, 2018）。有研究发现，自恋特质与攻击性、去人性化有关，而攻击性和去人性化也是不道德行为产生的原因（Roesera, McGregora, Stegmaiera, Mathewa, Küblera, & Meuleb, 2016）。此外，精神病态、马基雅维利主义和道德脱离相关，精神病态个体不太可能体会到道德相关的情绪如愧疚、自责，他们不觉得自己的不道德行为是错的；而自恋个体为保持良好的个人形象更可能进行道德脱离，病态水平的自恋则可能与道德功能障碍有关（Egana, Hughes, & Palmerb, 2015）。基于已有研究发现，本研究假设马基雅维利主义、精神病态、自恋程度较高的人更容易产生网络道德失范行为。

目标导向（goal orientation）也可能会影响青年学生的网络道德失范行为。目标导向的三维理论认为，目标导向包含学习目标导向、绩效证明目标导向、绩效回避目标导向（Vande Walle, 1997）。其中，持有学习目标导向的个体通过获得新的技术、掌握新的知识来提升他们的能力；他们不关心自己与他人绩效的比较，而在意是否掌握足够的能力、出色地完成任务。绩效证明目标导向的个体倾向于将困难的任务看作挑战，设置高水平的绩效目标，做出高水平的努力，从事反馈寻求行为，表现出良好的绩效和高水平的内在动机。而绩效回避目标导向的个体倾向于将困难的任务理解成一种威胁而不是挑战，建立较低的绩效目标，从事无效的战略发展和低水平的元认知活动，表现出不良的绩效和较高的焦虑，认为能力不是可塑的。基于对目标导向的理解，本研究假设学习目标导向、绩效证明目标导向较高的人更不容易产生网络道德失范行为，绩效回避目标导向较高的人更容易产生网络道德失范行为。

黑暗三联征和目标导向除了对青年学生网络道德失范行为具有直接的作用外，还可能存在间接的作用机制。本研究认为，黑暗三联征和目标导向对青年学生网络道德失范行为的影响可能是通过道德认同（moral identity）和道德推脱（moral disengagement）发挥作用。其中，道德认同指的是个体道德水平的发展程度（曾晓强，2011）。道德认同这一概念最初由Blasi（1984）提出。Blasi（1984）从道德的德性视角出发，将道德认同定义为个体受社会道德规范体系的影响程度，反映的是个体对道德品质的认可和接受程度。也有研究者认为，道德认同是道德品质对于个人自我认同的关键作用（Hardy，2006），认为道德认同体现了德行（morality，being moral）对自我图式或自我概念的重要性程度。个体一般都期望维持自我及他人对自己积极的道德评价，因此道德认同积极推动着个体的亲组织行为，减少反社会行为。道德认同水平高的个体能够根据正确的道德观做出决策。与道德认同较低的个体相比，道德认同较高的人的志愿行为发生率（Aquino，2002）、道德敏感性（Reynolds，2008）、共情（Detert，Trevino，&Sweitzer，2008）以及亲社会行为发生率（Pratt，Hunsberger，Pancer，& Alisat，2003）均较高。其自我概念中的道德特质相对更容易被激活。根据认知失调理论，道德认同水平较高的个体往往会避免自我的道德认知冲突而抑制不道德行为的发生。那些道德认同较高的人重视自己的道德身份，对道德信息加工处理的能力较强，具有较高的道德判断能力，这导致不道德行为难以被激活。而当个体道德认同水平较低时，其对道德信息敏感度较低，道德判断能力较差，容易产生不道德行为。此外，道德认同不仅直接激活个体的亲社会倾向，还会推动个体在做出不道德行为后力图恢复道德自我形象，在道德自我形象受到威胁的时候，道德认同较高的个体会更容易产生道德补偿行为（Mulder & Aquino，2013）。因此，本研究假设：道德认同在黑暗三联征、目标导向与青年学生网络道德失范行为的关系中发挥着抑制作用。

班杜拉（Bandura，1986）最早提出了道德推脱（moral disengagement）的概念。班杜拉认为，道德推脱是个体产生的一种特定的认知倾向，让个体为自己在行为后果中的责任得到最大限度的减少甚至消除。人们在道德推脱中通过道德辩护或有利比较等方式重新定义自己的行为，降低自己对行为对象痛苦的感受，进而维持自己的正面形象。根据自我一致性理论，人有证实自我概念的倾向，有着维持自我概念的内在需要，由此避免自我混乱与分裂，实现良好的自我整合。不道德行为（包括网络道德失范行为）与个体的内在自我道德概念是相冲突的，为了缓解不道德行为所带来的内疚、羞愧等消极情绪，免除自我制裁，个体往往借助道德推脱机制使不道德行为的结果看起来具有较小危害性、弱化自己应承担的责任或者降低对行为对象痛苦的觉知。大量研究发现，个体从事不道德决策和行为的频率和程度与道德推脱水平呈正相关关系。例如，道德推脱水平与学生的不道德决策、言语和身体攻击、欺负或伤害行为呈显著正相关，而与内疚感呈负相关（Detert，Trevino & Sweitzer，2008；Barsky，Islam & Zyphur，2006；Paciello，Fida，Tramontano，Lupinetti & Caprara，2008）。这意味着，道德推脱倾向较高的个体的道德自我抑制力受到削弱，更容易做出网络道德失范行为。因此本研究假设：道德推脱在黑暗三联征人格、目标导向与青年学生网络道德失范行为的关系中发挥着中介作用。

二　方法

（一）被试

801 名青年学生参加了本调研，最后获得有效数据 606 份。青年学生的人口统计学信息见本章的第二节。

（二）问卷

青年学生网络道德失范行为：采用本研究编制的《青年学生网络道德失范行为量表》。在本研究中，该量表的内部一致性系数为 0.915。

黑暗三联征：采用由 Jonason 和 Webster（2010）编制的黑暗三联征量表，经孙群博、耿耀国和黄婧宜等（2015）修订为中文版本。修订后的量表共有 12 个条目，包含马基雅维利主义、精神病态和自恋三个因子，各有 4 个条目分别测量这三个人格特质。量表采用 Likert 7 点计分，要求被试评价在与一般人的交往过程中自己的实际情况与这些陈述的符合程度，1 表示"非常不符合"，7 表示"非常符合"，得分越高表明个体具有的黑暗三联征人格特质越明显。在本研究中，该量表的内部一致性系数为 0.874。

目标导向：采用 Vande Walle（1997）编制的目标导向三维度量表。该量表包含 13 个题项，其中"我愿意选择一项富有挑战性但令我学到更多知识的工作"等 5 个题项用来测量学习目标导向；"我在意向别人展现我的绩效比我的同事好"等 4 道题项来测量绩效证明目标导向；"我会避免做那些可能让我表现不如别人的新工作"等 4 道题项来测量绩效回避目标导向。在本研究中，学习目标导向、绩效证明目标导向和回避目标导向量表的内部一致性系数为 0.829、0.845、0.823。

道德认同：修订了 Aquino 和 Reed（2002）编制的道德认同问卷。问卷中的 9 种道德特质为：孝顺、诚信、守法、公正、正义、真诚、感恩、尊重他人、有责任心。该量表包括内化道德认同和象征化道德认同两个维度，共 14 道题项。采用 Likert 5 点评分，得分越高说明道德认同程度越高。在本研究中，该量表的内部一致性系数为 0.813。

道德推脱：采用王兴超（2011）修订的道德推脱量表。该量表包含 8 个维度，共 32 道题项。采用 Likert 5 点评分，得分越高说明道德推脱水平越高。在本研究中，该量表的内部一致性系数为 0.808。

我们还让青年学生填写了人口统计学信息。

三　结果

（一）描述性统计分析

描述性统计分析结果见表 6-14。

表 6-14　　　　　　　　描述性统计分析结果

	平均值	标准差
网络道德失范行为	35.31	14.48
道德认同	70.01	15.15
道德推脱	72.18	35.25
马基雅维利主义	10.74	6.05
精神病态	10.27	5.96
自恋	17.93	5.83
学习目标导向	25.56	6.22
绩效证明导向	18.86	4.76
绩效回避导向	16.77	5.54

从表6-14中可以看出，网络道德失范行为量表平均得分35.31，标准差14.48；道德认同量表平均得分70.01，标准差15.15；道德推脱量表平均得分72.18，标准差35.25；马基雅维利主义量表平均得分10.74，标准差6.05；精神病态量表平均得分10.27，标准差5.96；自恋量表平均得分17.93，标准差5.83；学习目标导向量表平均得分25.56，标准差6.22；绩效证明导向量表平均得分18.86，标准差4.76；绩效回避导向量表平均得分16.77，标准差5.54。

（二）相关分析

变量之间相关分析的结果见表6-15。由表6-15可知，道德认同、学习目标导向与青年学生网络道德失范行为呈显著负相关，道德推脱、马基雅维利主义、精神病态、绩效回避导向与青年学生网络道德失范行为呈显著正相关。

表6-15　　　　　　　　　　　相关分析结果

	网络道德失范行为	道德认同	道德推脱	马基雅维利主义	精神病态	自恋	学习目标导向	绩效证明导向
网络道德失范行为	1							
道德认同	-0.233**	1						
道德推脱	0.534**	-0.211**	1					
马基雅维利主义	0.274**	-0.009	0.381**	1				
精神病态	0.329**	-0.064	0.407**	0.749**	1			
自恋	0.025	0.397**	0.095*	0.292**	0.241**	1		
学习目标导向	-0.203**	0.494**	-0.178**	0.038	-0.014	0.483**	1	
绩效证明导向	-0.031	0.451**	-0.045	0.263**	0.133**	0.526**	0.584**	1
绩效回避导向	0.122**	0.134**	0.198**	0.387**	0.356**	0.258**	0.090*	0.451**

注：*，$P<0.05$；**，$P<0.01$；***，$P<0.001$。

（三）道德认同、道德推脱、马基雅维利主义、精神病态、目标导向与青年学生网络道德失范行为的关系

研究分别以道德认同、道德推脱、马基雅维利主义、精神病态、学习目标导向、绩效回避目标导向为自变量，以青年学生网络道德失范行为为因变量，以性别、是否学生干部、政治面貌为控制变量建立层级性回归分

析方程。因为自恋人格、绩效证明目标导向与青年学生网络道德失范行为相关不显著，在此不再分析。

1. 道德认同与青年学生网络道德失范行为的关系

以道德认同为自变量，以青年学生网络道德失范行为为因变量，以性别、是否学生干部、政治面貌为控制变量建立层级性回归分析方程。结果发现，道德认同可以显著预测青年学生网络道德失范行为（$\beta = -0.229$，$t = -5.866$，$P < 0.001$）。

2. 道德推脱与青年学生网络道德失范行为的关系

以道德推脱为自变量，以青年学生网络道德失范行为为因变量，以性别、是否学生干部、政治面貌为控制变量，建立层级性回归分析方程。结果发现，道德推脱可以显著预测青年学生网络失范行为（$\beta = 0.519$，$t = 14.971$，$P < 0.001$）。

3. 马基雅维利主义与青年学生网络道德失范行为的关系

以马基雅维利主义为自变量，以青年学生网络道德失范行为为因变量，以性别、是否学生干部、政治面貌为控制变量，建立层级性回归分析方程。结果发现，马基雅维利主义可以显著预测青年学生网络道德失范行为（$\beta = 0.249$，$t = 6.29$，$P < 0.001$）。

4. 精神病态与青年学生网络道德失范行为的关系

以精神病态为自变量，以青年学生网络道德失范行为为因变量，以性别、是否学生干部、政治面貌为控制变量，建立层级性回归分析方程。结果发现，精神病态可以显著预测青年学生网络道德失范行为（$\beta = 0.306$，$t = 7.806$，$P < 0.001$）。

5. 学习目标导向与青年学生网络道德失范行为的关系

以学习目标导向为自变量，以青年学生网络道德失范行为为因变量，以性别、是否学生干部、政治面貌为控制变量，建立层级性回归分析方程。结果发现，学习目标导向可以显著预测青年学生网络道德失范行为（$\beta = -0.193$，$t = -4.899$，$P < 0.001$）。

6. 绩效回避目标导向与青年学生网络道德失范行为的关系

以绩效回避目标导向为自变量，以青年学生网络道德失范行为为因变量，以性别、是否学生干部、政治面貌为控制变量，建立层级性回归分析方程。结果发现，绩效回避目标导向可以显著预测青年学生网络道德失范行为（$\beta = 0.097$，$t = 2.419$，$P = 0.016$）。

（四）青年学生网络失范行为的中介机制分析

依照温忠麟、张雷、侯杰泰和刘红云（2004）提出的中介效应依次检验法三步骤：首先，做因变量对自变量的回归分析，回归系数显著；其次，依次做中介变量对自变量的回归、因变量对中介变量的回归分析，二者回归系数都显著；再次，同时做因变量对自变量和中介变量的回归分析，如果自变量回归系数仍然显著，则为部分中介作用，如果自变量回归系数不再显著，则为完全中介作用。本研究探讨了道德推脱在马基雅维利主义、精神病态、学习目标导向、绩效回避目标导向与青年学生网络道德失范行为关系中的中介作用。

1. 道德推脱在马基雅维利主义与青年学生网络道德失范行为中的中介作用分析

以马基雅维利主义为自变量，以青年学生网络道德失范行为为因变量，以性别、是否学生干部、政治面貌为控制变量，以道德推脱为中介变量建立层级性回归分析方程。研究发现，马基雅维利主义能够显著预测青年学生网络道德失范行为（$\beta = 0.249$，$t = 6.294$，$P<0.001$），马基雅维利主义对道德推脱的预测效应也显著（$\beta = 0.359$，$t = 9.33$，$P<0.001$）。在加入道德推脱这一中介变量后，马基雅维利主义的回归系数由 0.249 下降为 0.073（$t = 1.947$，$P = 0.052$）。这表明，道德推脱在马基雅维利主义与青年学生网络道德失范行为中发挥完全中介作用。详情见表6-16。

表6-16　　　　　　　道德推脱在马基雅维利主义与青年学生
网络道德失范行为中的中介作用分析

	网络道德失范行为	道德推脱	网络道德失范行为
性别	−0.148 ***	−0.085 *	−0.106 **
是否学生干部	0.005	0.032	−0.011
政治面貌	0.006	0.014	−0.002
马基雅维利主义	0.249 ***	0.359 ***	0.073
道德推脱			0.493 ***
F	15.94 ***	26.451 ***	51.917 ***
R^2	0.096	0.150	0.303
$\triangle R^2$			0.207

注：*，$P<0.05$；**，$P<0.01$；***，$P<0.001$。

2. 道德推脱在精神病态与青年学生网络道德失范行为中的中介作用

以精神病态为自变量，以青年学生网络道德失范行为为因变量，以性别、是否学生干部、政治面貌为控制变量，以道德推脱为中介变量建立层级性回归分析方程。研究发现，精神病态能够显著预测青年学生网络道德失范行为（$\beta = 0.306$，$t = 7.806$，$P < 0.01$），精神病态对道德推脱的预测效应也显著（$\beta = 0.384$，$t = 10.062$，$P < 0.001$）。在加入道德推脱这一中介变量后，精神病态的回归系数由 0.306 下降为 0.124（$t = 3.301$，$P < 0.01$）。Sobel 检验结果表明，$Z = 1.71$，$P = 0.09$，检验结果不显著。所以道德推脱在精神病态与青年学生网络道德失范行为中不发挥中介作用。详情见表 6-17。

表 6-17　　　　　道德推脱在精神病态与青年学生网络
道德失范行为中的中介作用分析

	网络道德失范行为	道德推脱	网络道德失范行为
性别	-0.133 **	-0.072	-0.099 **
是否学生干部	-0.008	0.021	-0.018
政治面貌	0.006	0.017	-0.002
精神病态	0.306 **	0.384 ***	0.124 **
道德推脱			0.472 ***
F	21.485 ***	30.044 ***	54.083 ***
R^2	0.125	0.167	0.311
$\triangle R^2$			0.186

注：*，$P < 0.05$；**，$P < 0.01$；***，$P < 0.001$。

3. 道德推脱在学习目标导向与青年学生网络道德失范行为中的中介作用

以学习目标导向为自变量，以青年学生网络道德失范行为为因变量，以性别、是否学生干部、政治面貌为控制变量，以道德推脱为中介变量建立层级性回归分析方程。研究发现，学习目标导向能够显著预测青年学生网络道德失范行为（$\beta = -0.193$，$t = -4.899$，$P < 0.01$），学习目标导向对道德推脱的预测效应也显著（$\beta = -0.173$，$t = -4.352$，$P < 0.001$）。在加入道德推脱这一中介变量后，学习目标导向的回归系数由-0.193 提升为-0.107（$t = -3.08$，$P = 0.002$）。Sobel 检验结果表明，$Z = -0.77$，$P = 0.44$，检验结果不显著。所以道德推脱在学习目标导向与青年学生网络

道德失范行为中不发挥中介作用。详情见表6-18。

表6-18　　　　　　道德推脱在学习目标导向与青年学生
网络道德失范行为中的中介作用分析

	网络道德失范行为	道德推脱	网络道德失范行为
性别	-0.173**	-0.127**	-0.110**
是否学生干部	0.021	0.060	-0.009
政治面貌	0.025	0.038	0.006
学习目标导向	-0.193**	-0.173***	-0.107**
道德推脱			0.500***
F	11.900***	8.913***	53.680***
R^2	0.174	0.056	0.309
$\triangle R^2$			0.135

注:*, $P<0.05$;**, $P<0.01$;***, $P<0.001$。

4. 道德推脱在绩效回避目标导向与青年学生网络道德失范行为中的中介作用

以绩效回避目标导向为自变量,以青年学生网络道德失范行为为因变量,以性别、是否学生干部、政治面貌为控制变量,以道德推脱为中介变量建立层级性回归分析方程。研究发现,绩效回避目标导向能够显著预测青年学生网络道德失范行为($\beta=0.097$,$t=2.419$,$P=0.016$),绩效回避目标导向对道德推脱的预测效应也显著($\beta=0.176$,$t=4.385$,$P<0.001$)。在加入道德推脱这一中介变量后,绩效回避目标导向的回归系数由-0.193到0.007($t=0.185$,$P=0.853$)。这表明,道德推脱在绩效回避目标导向与青年学生网络道德失范行为中发挥完全中介作用。详情见表6-19。

表6-19　　　　　　道德推脱在绩效回避目标导向与青年学生
网络道德失范行为中的中介作用分析

	网络道德失范行为	道德推脱	网络道德失范行为
性别	-0.174***	-0.117**	-0.113**
是否学生干部	0.025	0.060	-0.006
政治面貌	0.015	0.027	0.001
绩效回避目标导向	0.097*	0.176***	0.007
道德推脱			0.518***

续表

	网络道德失范行为	道德推脱	网络道德失范行为
F	7. 192***	8. 988***	50. 986***
R^2	0. 046	0. 057	0. 299
$\triangle R^2$			0. 253

注:*, $P<0.05$;**, $P<0.01$;***, $P<0.001$。

（五）青年学生网络失范行为调节的心理机制分析

根据温忠麟、侯杰泰和张雷（2005）有关调节效应检验的理论，将自变量和调节变量中心化，做因变量对自变量、调节变量、自变量和调节变量乘积项的层级回归分析，然后检验自变量和调节变量乘积项回归系数，如果显著，则说明调节效应显著。本研究探讨了道德认同在马基雅维利主义、精神病态、学习目标导向、绩效回避目标导向与青年学生网络道德失范行为关系中的调节作用。

1. 道德认同在马基雅维利主义与青年学生网络道德失范行为中的调节作用

回归分析表明（见表6-20），道德认同（$\beta=-0.227$，$t=-6.011$，$P<0.001$）和马基雅维利主义（$\beta=0.249$，$t=6.294$，$P<0.001$）对青年学生网络道德失范行为的预测效应显著。不仅如此，道德认同和马基雅维利主义交互作用对青年学生网络道德失范行为预测效应显著（$\beta=-0.142$，$t=-3.691$，$P<0.001$），这说明道德认同在马基雅维利主义与青年学生网络道德失范行为中的调节作用。简单斜率检验发现，在高道德认同条件（+1SD）下，马基雅维利主义对青年学生网络道德失范行为的回归系数为0.130（$t=2.611$，$P=0.009$），而在低道德认同条件（-1SD）下，马基雅维利主义对青年学生网络道德失范行为的回归系数则为0.429（$t=6.90$，$P<0.001$）。这表明，高道德认同降低了马基雅维利主义对青年学生网络道德失范行为的预测作用。

表 6-20 　　　　道德认同在马基雅维利主义与青年学生
网络道德失范行为中的调节作用分析

	青年学生网络道德失范行为		
	模型 1	模型 2	模型 3
性别	-0. 148***	-0. 142***	-0. 137***

续表

	青年学生网络道德失范行为		
	模型1	模型2	模型3
是否学生干部	0.005	0.007	0.005
政治面貌	0.006	0.006	0.007
马基雅维利主义	0.249 ***	0.248 ***	0.280 ***
道德认同		-0.227 ***	-0.229 ***
马基雅维利主义×道德认同			-0.142 ***
F	15.94 ***	20.729 ***	19.91 ***
R^2	0.096	0.148	0.167
$\triangle R^2$		0.052	0.019

注：*，$P<0.05$；**，$P<0.01$；***，$P<0.001$。

2. 道德认同在精神病态与青年学生网络道德失范行为中的调节作用

回归分析表明（见表6-21），道德认同（$\beta=-0.211$，$t=-5.644$，$P<0.001$）和精神病态（$\beta=0.306$，$t=7.806$，$P<0.001$）对青年学生网络道德失范行为的预测效应显著。不仅如此，道德认同和精神病态交互作用对青年学生网络道德失范行为预测效应显著（$\beta=-0.150$，$t=-4.031$，$P<0.001$），这说明道德认同在精神病态与青年学生网络道德失范行为中具有调节作用。简单斜率检验发现，在高道德认同条件（+1SD）下，精神病态对青年学生网络道德失范行为的回归系数为0.158（$t=3.145$，$P=0.002$）；而在低道德认同条件（-1SD）下，精神病态对青年学生网络道德失范行为的回归系数则为0.468（$t=8.105$，$P<0.001$）。这说明，高道德认同降低了精神病态对青年学生网络道德失范行为的预测作用。

表6-21 　　　　　　**道德认同在精神病态与青年学生网络**
道德失范行为中的调节作用分析

	青年学生网络道德失范行为		
	模型1	模型2	模型3
性别	-0.133 **	-0.130 **	-0.132 ***
是否学生干部	-0.008	-0.005	-0.008
政治面貌	0.006	0.007	0.013
精神病态	0.306 ***	0.292 ***	0.313 ***

续表

	青年学生网络道德失范行为		
	模型 1	模型 2	模型 3
道德认同		-0.211***	-0.210***
精神病态×道德认同			-0.150***
F	21.485***	24.442***	23.594***
R^2	0.125	0.169	0.191
$\triangle R^2$		0.044	0.023

注:*,$P<0.05$;**,$P<0.01$;***,$P<0.001$。

3. 道德认同在学习目标导向与青年学生网络道德失范行为中的调节作用

回归分析表明（见表6-22），道德认同（$\beta=-0.177$，$t=-3.954$，$P<0.001$）和学习目标导向（$\beta=-0.193$，$t=-4.899$，$P<0.001$）对青年学生网络道德失范行为的预测效应显著。道德认同和学习目标导向交互作用对青年学生网络道德失范行为预测效应不显著（$\beta=0.068$，$t=1.68$，$P=0.093$），这说明道德认同在学习目标导向与青年学生网络道德失范行为中发挥的调节作用不大。

表6-22　　　　道德认同在学习目标导向与青年学生网络
道德失范行为中的调节作用分析

	青年学生网络道德失范行为		
	模型 1	模型 2	模型 3
性别	-0.173***	-0.174***	-0.171***
是否学生干部	0.021	0.026	0.027
政治面貌	0.025	0.022	0.016
学习目标导向	-0.193***	-0.106*	-0.098*
道德认同		-0.177***	-0.163***
学习目标导向×道德认同			-0.150
F	11.90***	12.88***	11.237***
R^2	0.074	0.097	0.101
$\triangle R^2$		0.023	0.004

注:*,$P<0.05$;**,$P<0.01$;***,$P<0.001$。

4. 道德认同在绩效回避导向与青年学生网络道德失范行为中的调节作用

回归分析表明（见表6-23），道德认同（$\beta = -0.247$，$t = -6.322$，$P < 0.001$）和绩效回避目标导向（$\beta = 0.097$，$t = 2.419$，$P = 0.016$）对青年学生网络道德失范行为的预测效应显著。道德认同和绩效回避目标导向交互作用对青年学生网络道德失范行为预测效应不显著（$\beta = 0.07$，$t = 0.182$，$P = 0.856$），这说明道德认同在绩效回避目标导向与青年学生网络道德失范行为中发挥的调节作用不大。

表6-23　　　　　　道德认同在绩效回避目标导向与青年学生
网络道德失范行为中的调节作用分析

	青年学生网络道德失范行为		
	模型1	模型2	模型3
性别	-0.174***	-0.163***	-0.163***
是否学生干部	0.025	0.025	0.025
政治面貌	0.015	0.015	0.015
绩效回避目标导向	0.097*	-0.132**	-0.131**
道德认同		-0.247***	-0.245***
绩效回避目标导向×道德认同			0.007
F	7.192***	14.119***	11.753***
R^2	0.046	0.105	0.105
$\triangle R^2$		0.059	0.001

注:*，$P<0.05$；**，$P<0.01$；***，$P<0.001$。

四　讨论

（一）道德认同、目标导向、黑暗三联征与青年学生网络道德失范行为的关系

本研究发现，道德认同、学习目标导向可以显著地反向预测青年学生网络道德失范行为，而道德推脱、马基雅维利主义、精神病态、绩效回避目标导向则可以显著正向预测青年学生网络失范行为。除了自恋和绩效证明目标导向与青年学生网络失范行为之间的关系不显著外，其余发现均与假设基本一致。

道德认同是个体对道德品质的认可和接受程度，道德认同程度越高，

做出违反道德规范行为的可能性就越低，因此道德认同能够反向预测青年学生的网络道德失范行为。而道德推脱较高的人倾向于自我利益的最大化，这可能会导致他们做出伤害他人的行为，由此导致网络道德失范行为。

在目标导向中，学习目标导向的人看重自我能力的发展，也包括自己道德能力的发展，所以会抑制青年学生的网络道德失范行为。而绩效回避目标导向的个人对自我能力产生怀疑，倾向于对自我产生否定，对生活失去希望，从而容易在网络上伤害他人，将自己在日常生活中的不满寄托于网络，由此做出网络道德失范行为。

在黑暗三联征中，马基雅维利主义的个人更容易做出伤害他人的事情和将自我利益最大化，所以容易做出网络道德失范行为。精神病态的主要特征是冷酷无情，麻木不仁，易冲动，对他人缺乏同情，道德感缺失，喜好追求刺激，精神病态的人更有可能藐视网络道德规范，伤害他人，并且因为追求刺激而观看色情相关内容，致使做出更多的网络道德失范行为。

此外，研究还发现，自恋、绩效证明目标导向与青年学生网络失范行为之间的相关不显著。这可能是因为自恋者通常倾向于支配他人，具有夸张的行为方式以及拥有优越感的内心体验，过分地追求成功、渴望关注，但是这种特质可能并不会影响他们的道德品质，所以不会影响其网络道德失范行为。而绩效证明目标导向的个人倾向于将困难的任务看作挑战，设置高水平的绩效目标，发挥高水平的努力，这种目标导向的人与自恋者有点类似，渴望成功，但是这种目标导向并不足以影响他们做出更多或是更少的网络道德失范行为。

（二）道德推脱的中介作用分析

本研究发现，一方面，道德推脱在马基雅维利主义与青年学生网络道德失范行为中发挥完全中介作用，这表明，当青年学生表现出马基雅维利主义人格如更多的冷酷无情和人际剥削时，这时候会通过道德推脱水平减少自我的道德责任，从而表现出更多的网络道德失范行为。另一方面，道德推脱在绩效回避目标导向与青年学生网络道德失范行为中发挥完全中介作用，这表明当青年学生表现出绩效回避目标导向时，更容易对自我能力产生怀疑，产生更高的自我否定，这时候会通过道德推脱减少自我的道德责任，从而表现出更多的网络道德失范行为。

大量研究已表明，道德推脱会使得个体的道德自我调节机制失灵，从而诱发个体从事不道德行为的倾向（陈默，梁建，2017；Bandura，Barbaranelli，Caprara，& Pastorelli，1996；Bandura，1999）。Bandura（1999）认为，个体存在自我监控与调节系统以灵活应对复杂情境，而个体的道德自我标准是该系统的重要构成；当个体从事不道德行为时，如果该自我监控与调节系统运转正常，则会导致产生内疚和负罪感，从而抑制个体从事这一不道德行为，一旦自我监控与调节系统失灵，则道德自我标准对从事不道德行为的抑制作用则被减弱甚至消除，由此会引发不道德行为。考虑到网络环境的纷繁复杂，青年学生在网络中的行为很难说完全做到合乎道德规范。一些网络道德失范行为事实上还表现出道德上的模糊性，从而为青年学生从事该行为提供了道德推脱的空间。此外，考虑到社会文化的差异，一些在西方文化中认为是不道德的内容在中国可能并非不道德的（李晓明，2007），这就为道德推脱提供了可能。

本研究还发现，道德推脱在精神病态、学习目标导向与青年学生网络道德失范行为中不发挥中介作用。这表明，精神病态、学习目标导向直接作用于青年学生的网络道德失范行为，并不能通过道德推脱来逃避责任以降低自己的负罪感。

（三）道德认同的调节作用分析

本研究发现，道德认同在马基雅维利主义与青年学生网络道德失范行为中发挥着调节作用，道德认同降低了马基雅维利主义对青年学生网络道德失范行为的预测作用。不仅如此，研究还发现，道德认同在精神病态与青年学生网络道德失范行为中发挥着调节作用。道德认同降低了马基雅维利主义、精神病态对青年学生网络道德失范行为的预测作用，道德认同程度越高，所能做出的道德失范行为就越少。

道德认同是个体基于一系列道德特质组织起来的自我概念，是衡量道德特质对个体自我重要性的指标（Aquino & Reed，2002）。道德认同可能限制了青年学生对网络道德失范行为在道德合理化的灵活性，从而抑制了其对网络道德失范行为予以道德推脱的可能性。考虑到不同区域文化、经济发展水平等方面的差异，以及青年学生本人的价值观、专业性方面的不同，在网络上的行为很难做到"一刀切"，用统一的标准加以评估，这造成了网络道德失范行为在道德性质上的模糊之处。对于道德认同较高的青年学生而言，道德特质在他们的自我认同中居于重要地位，这使得他们更容易从道德框架对自己和他人的行为予以解读，这一过程甚至是无意识的

（Aquino & Reed，2002）。这就意味着，相对于道德认同较低的青年学生，道德认同较高的青年学生更容易从道德框架去解读很多网络道德失范行为，从而降低了他们对网络道德失范行为在道德解释上的灵活性。

此外，对于一些明确的网络道德失范行为，当青年学生从事上述行为以后，可能会对其道德自我概念产生威胁。与道德认同较低的青年学生相比，网络道德失范行为对于道德认同较高的青年学生的自我概念威胁可能更为严重。这可能降低了他们对网络道德失范行为予以合理化的可能性，使得他们较少做出网络道德失范行为。

五　研究结论

第一，道德认同、学习目标导向可以显著反向预测青年学生网络道德失范行为；道德推脱、马基雅维利主义、精神病态、绩效回避目标导向可以显著正向预测青年学生网络道德失范行为；

第二，道德推脱在马基雅维利主义、绩效回避目标导向与青年学生网络道德失范行为中发挥着完全中介作用；

第三，道德认同在马基雅维利主义、精神病态与青年学生网络道德失范行为中发挥调节作用，与高道德认同的青年学生相比，低道德认同青年学生的马基雅维利主义、精神病态能够有效预测其网络道德失范行为。

第七章

青年学生网络道德失范态度的实证分析

在第六章，我们探讨了青年学生网络道德失范行为的现状及心理机制，本章我们将进一步探讨青年学生网络道德失范态度及心理机制。网络道德失范态度指的是青年学生对于网络道德失范行为的态度，是同意还是不同意或者不确定自己是否同意。

以往研究多聚焦青年学生网络道德失范行为，很少涉及青年学生对网络道德失范行为的态度，有些研究甚至将态度与行为混为一谈。但是，行为与态度本质上是不同的：行为是外在表现，态度是心理状态，两者相辅相成，行为可以反映态度，态度可能影响行为。通过了解青年学生对网络道德失范行为的态度，将有助于对青年学生网络道德失范行为做出预测与引导。

第一节　青年学生网络道德失范态度的现状分析

一　青年学生网络道德失范态度的现状

（一）被试

731 名青年学生参加了本调研，最后获得有效问卷 696 份，回收率 95.2%。青年学生的人口统计学信息见表 7-1。

表 7-1　青年学生网络道德失范行为现状调查的人口统计学信息

	选项	人数	占比
性别	男	226	32.5%
	女	470	67.5%

续表

	选项	人数	占比
年龄	18 岁及以下	62	8.9%
	18 岁以上	634	91.0%
独生子女	是	408	58.6%
	否	288	41.4%
学生干部	是	338	48.6%
	否	358	51.4%
生源地	城市	426	61.2%
	农村	216	31.0%
	乡镇	54	7.8%

（二）调查问卷

研究者自编了《青年学生网络道德失范态度问卷》。在专家访谈、文献分析的基础上选取了 16 种代表性网络失范行为作为问卷调查对象。要求被试回答对这些网络失范行为的态度，并以"非常不同意、比较不同意、有点不同意、不确定、有点同意、比较同意、非常同意"作答。

（三）结果

青年学生对网络道德失范行为的态度见表 7-2。

表 7-2　　　　　　　青年学生网络道德失范态度的现状

题目	平均数	标准差	非常不同意/%	比较不同意/%	有点不同意/%	不确定/%	有点同意/%	比较同意/%	非常同意/%
1. 在网络上发表诽谤性言论	1.34	0.808	79.2	13.1	4.6	2.0	0.7	0	0.4
2. 浏览色情网站	2.05	1.608	59.0	15.2	5.5	4.6	3.6	3.6	2.4
3. 浏览色情图片、小说、视频	2.11	1.658	57.9	15.1	5.2	10.9	4.2	4.2	2.6
4. 给他人频繁发邮件	1.80	1.172	58.6	19.3	9.3	10.3	1.6	0.4	0.4
5. 在网络上发表不当言论	1.45	0.852	71.3	18.5	5.6	3.7	0.6	0.1	0.1

题目	平均数	标准差	非常不同意/%	比较不同意/%	有点不同意/%	不确定/%	有点同意/%	比较同意/%	非常同意/%
6. 在网络上发布不实信息	1.44	0.921	73.6	16.8	4.0	4.0	1.0	0.1	0.4
7. 下载色情图片、小说、视频	1.74	1.332	67.7	12.9	6.3	7.2	2.9	1.9	1.0
8. 在网络上随意转发不实信息	1.39	0.793	74.7	16.2	5.5	2.9	0.4	0.3	0
9. 对未经证实的信息进行跟帖评论	1.50	0.893	69.0	18.2	7.3	4.5	0.9	0.1	0
10. 观看色情网络主播直播	1.60	1.159	71.4	12.4	6.9	5.9	1.7	1.1	0.6
11. 在网络中与他人通过文字、语音、视频等与他人进行虚拟性爱	1.69	1.232	67.2	15.1	5.5	8.5	1.9	1.0	0.9
12. 在网络上发表牢骚、抱怨	2.02	1.446	55.0	16.8	11.6	9.2	3.7	2.0	1.6
13. 通过网络进行色情活动	1.42	0.944	77.9	10.9	4.5	5.0	1.3	0.3	0.1
14. 朋友圈不停地刷屏	1.62	1.058	65.9	17.2	8.8	5.7	1.6	0.4	0.3
15. 把群聊变成了私人聊天	1.69	1.103	61.9	20.3	8.8	5.9	2.2	0.9	0.1
16. 一直给别人发语音留言	1.81	1.17	57.3	21.8	7.9	9.8	2.4	0.4	0.3

从表7-2青年学生网络道德失范态度的现状结果中可知：

首先，在16种代表性网络失范行为中，接受程度较低的题目是第1题"在网络上发表诽谤性言论"、第8题"在网络上随意转发不实信息"、第 13 题"通过网络进行色情活动"、第 6 题"在网络上发布不实信息"。其中，第 1 题、第 6 题、第 8 题均属于网络言语侵害，这些不实信息、诽谤性言论所裹挟的语言暴力的危害是非常大的，被"人肉"、被诽谤甚至可能会致使他人承受不了打击而抑郁自杀，从而导致其较低的接受程度。第 13 题"通过网络进行色情活动"相比较第 2 题、第 3 题的接受程度更低，这可能是因为通过网络进行色情活动违背了公序良俗，更加难以道德推脱。

其次，青年学生对第 3 题"浏览色情图片、小说、视频"、第 2 题"浏览色情网站"的平均数最高，表明青年学生对于网络色情的接受程度较高。之所以如此可能是因为青年学生此时正身处恋爱等建立亲密关系的关键时期，对性的需求和欲望会比较高。当不能在现实生活中获得满足时，网络就成为青年学生获取这些信息的主要渠道。

再次，青年学生对第 12 题"在网络上发表牢骚、抱怨"，第 16 题"一直给别人发语音留言"、第 4 题"给他人频繁发邮件"这三道题目的接受程度较高。这三道题涉及网络滥用。青年学生之所以对网络滥用行为的接受程度较高，可能与这些网络不当行为没有给他人带来实质性的伤害有关。此外，青年学生也有可能将网络作为发泄自己负面情绪的渠道。

二　青年学生网络道德失范态度的结构分析

为了分析青年学生网络道德失范态度的结构，我们采用探索性因子分析方法对 16 道题项进行了因子分析。因子分析采用主成分分析（principal components analysis）作为抽取因子的方法，以特征值大于 1 作为选择因子的标准，采用正交旋转法中的直接斜交法作为转轴方法，以降低因子的复杂性。经检验，青年学生网络道德失范态度量表的 KMO 值为 0.91，Bartlett's 球状检验的卡方值为 6226.555，df = 120，Sig. = 0.000，说明存在潜在共享因子，可以进行因子分析。第一次因子分析共析出 3 个因子，3 个因子的累积方差解释率 61.757%。从第一次因子分析结果，我们发现第 4 题有缺陷，表现为因子负荷较低（小于 0.4），因此我们剔除第 4 题。对剩余的 15 道题项进行二次因子分析后发现，这 15 道题项的 KMO 值为 0.902，巴特利特球状检验的卡方值为 5915.138，df = 105，Sig. = 0.000，析出特征值大于 1 的因子 3 个。3 个因子结构清晰，所有题项在相应因子上的负荷均超过 0.4，详细见表 7-3。3 个因子的累积方差贡献率为 63.408%。

表 7-3　　　　　　　青年学生网络道德失范态度问卷的因素分析

	成分		
	网络色情	网络言语侵害	网络滥用
2. 浏览色情网站	0.985		
3. 浏览色情图片、小说、视频	0.972		
7. 下载色情图片、小说、视频	0.774		
10. 观看色情网络主播直播	0.749		
11. 在网络中与他人通过文字、语音、视频等与他人进行虚拟性爱	0.608		
13. 通过网络进行色情活动	0.482		
1. 在网络上发表诽谤性言论		0.781	
5. 在网络上发表不当言论		0.734	
8. 在网络上随意转发不实信息		0.691	
6. 在网络上发布不实信息		0.689	
9. 对未经证实的信息进行跟帖评论		0.569	
16. 一直给别人发语音留言			0.844
14. 朋友圈不停地刷屏			0.751
12. 在网络上发表牢骚、抱怨			0.631
15. 把群聊变成了私人聊天			0.538

　　根据因子分析结果和各因子题项的含义分别为这 3 个因子命名：因子 1 命名为"网络色情"因子，包括第 2、3、7、10、11、13 题共 6 个题项，主要描述青年学生在网络上观看、浏览色情网站、图片等行为；因子 2 命名为"网络言语侵害"因子，包括第 1、5、6、8、9 题共 5 个题项，主要描述青年学生在使用网络过程中对他人言语的侵犯和伤害；因子 3 命名为"网络滥用"因子，包括第 12、14、15、16 题共 4 个题项，主要描述青年学生在大学学习生活中的不当网络使用行为。

　　研究对量表进行了信度检验。采用分析量表的内部一致性 Cronbach's α 系数后发现，3 个因子的 Cronbach's α 系数分别为：0.9、0.805 和 0.745，总量表的 Cronbach's α 系数为 0.906，具有较高的内部一致性，信度良好。因此，本研究编制的青年学生网络道德失范态度量表各指标均达到可以接受的统计学标准，是比较可靠的测量工具，可用该量表测量青年学生的网络道德失范态度。

三 青年学生网络道德失范态度的关系分析

对青年学生网络道德失范态度的现状及三个因子得分做描述性统计分析和相关分析。分析结果见表7-4和表7-5。

表7-4　　　　　青年学生网络道德失范态度的描述性统计分析

	平均值	标准差
网络色情	10.62	6.59
网络言语侵害	7.12	3.20
网络滥用	7.14	3.62
网络道德失范态度	24.89	11.29

由表7-4可知，网络色情因子共包含6题，总分平均值为10.62，标准差为6.59，每道题目平均分值为1.77；网络言语侵害因子共包含5题，总分平均值为7.12，标准差为3.20，每道题目平均分值为1.424；网络滥用因子共包含4题，总分平均值为7.14，标准差为3.62，每道题目平均分值为1.785；网络道德失范态度量表共包含15题，总分平均值为24.89，标准差为11.29，每道题目平均分值为1.66。从每个因子的每道题目平均分值中可以发现，网络滥用因子得分最高，其次是网络色情，最后是网络言语侵害。可见在日常生活中，青年学生对于网络滥用行为的接受程度要高于网络色情以及网络言语侵害。网络滥用指的是网络使用不当的行为，即因为网络影响自身正常生活，之所以接受程度相对较高因为网络滥用不会对他人造成伤害。其次是网络色情，网络色情违背了纯洁的道德规范，但是只与自身有关，所以接受程度处于中等。而网络言语侵害接受程度最低，是因为其是通过网络对他人造成伤害违背了伤害的道德规范，违背伤害的道德规范相比违背纯洁的道德规范更难以让人接受。

表7-5　　　　　青年学生网络道德失范态度的因子间相关分析

	网络色情	网络言语侵害	网络滥用	网络道德失范态度
网络色情	1			
网络言语侵害	0.528**	1		
网络滥用	0.556**	0.505**	1	

续表

	网络色情	网络言语侵害	网络滥用	网络道德失范态度
网络道德失范态度	0.912**	0.755**	0.790**	1

注：*，$P<0.05$；**，$P<0.01$；***，$P<0.001$。

由表7-5可知，各个因子之间相关显著。其中，网络色情与网络言语侵害因子之间相关显著，相关系数为0.528；网络色情与网络滥用之间相关显著，相关系数为0.556；网络言语侵害与网络滥用之间相关显著，相关系数为0.505。这表明，个体对不同的网络道德失范行为的接受程度是高度一致的。

第二节　青年学生网络道德失范态度的影响因素

一　青年学生网络道德失范态度的影响因素

为了研究青年学生网络道德失范态度的影响因素，我们收集了606名青年学生的数据。他们除了完成网络道德失范态度问卷之外，还需要填写人口统计学信息，包含性别、年龄、年级、生源地、是否独生子女、是否学生干部、政治面貌、所学专业、网龄、每天上网时间。我们探究了不同的人口统计学信息是否会影响青年学生网络道德失范态度。

（一）性别

606名青年学生中男性203人，女性403人。对性别进行独立样本t检验，结果见表7-6。男女学生的网络道德失范态度（$t=4.289$，$P=0.001$）以及网络色情（$t=6.200$，$P<0.001$）、网络言语侵害（$t=2.597$，$P=0.002$）、网络滥用因子得分（$t=1.159$，$P=0.009$）存在显著差异。其中，男性网络道德失范态度以及网络色情、网络言语侵害、网络滥用因子得分均显著高于女生。

表7-6　　　　　青年学生的网络道德失范态度的性别差异

	男性		女性		t	P
	平均数	标准差	平均数	标准差		
网络色情	15.04	8.85	10.95	6.95	6.200	0.000
网络言语侵害	9.53	5.63	8.46	4.28	2.597	0.002

续表

	男性		女性		t	P
	平均数	标准差	平均数	标准差		
网络滥用	8.13	4.84	7.70	3.95	1.159	0.009
网络道德失范态度	32.70	17.41	27.12	13.77	4.289	0.001

（二）生源地

606 名青年学生中生源地为城市 404 人，农村 159 人，乡镇 43 人。以生源地为自变量，网络色情因子得分、网络言语侵害因子得分、网络滥用因子得分、网络道德失范态度总分为因变量进行方差分析，结果见表 7-7。生源地因素在网络色情因子得分、网络言语侵害因子得分、网络滥用因子得分、网络道德失范态度总分上均无显著差异。这表明，生源地并不是青年学生网络道德失范态度的影响因素。

表 7-7　　　　　青年学生的网络道德失范态度的生源地差异

	城市		农村		乡镇		F	P
	平均数	标准差	平均数	标准差	平均数	标准差		
网络色情	12.42	7.89	11.62	7.28	14.02	9.42	1.681	0.187
网络言语侵害	8.59	4.52	9.08	5.05	10.05	6.00	2.091	0.125
网络滥用	7.72	4.26	7.89	4.09	8.91	4.93	1.522	0.219
网络道德失范态度	28.73	14.81	28.58	15.33	32.98	18.97	1.581	0.207

（三）是否独生子女

606 名青年学生中独生子女 379 人，非独生子女 227 人。对是否独生子女进行独立样本 t 检验，结果见表 7-8。是否独生子女因素在网络色情因子得分、网络言语侵害因子得分、网络滥用因子得分、网络道德失范态度总分上均无显著差异。这表明，是否独生子女并不是青年学生网络道德失范态度的影响因素。

表 7-8　　　　　青年学生的网络道德失范态度的是否独生子女差异

	独生子女		非独生子女		t	P
	平均数	标准差	平均数	标准差		
网络色情	12.43	7.86	12.14	7.88	0.448	0.605

续表

	独生子女		非独生子女		t	P
	平均数	标准差	平均数	标准差		
网络言语侵害	8.71	4.67	9.02	4.99	-0.772	0.611
网络滥用	7.75	4.26	8.00	4.29	-0.685	0.912
网络道德失范态度	28.89	15.07	29.15	15.67	-0.202	0.690

（四）是否学生干部

606 名青年学生中学生干部 302 人，非学生干部 304 人。对是否学生干部进行独立样本 t 检验，结果见表 7-9。是否学生干部在青年学生网络道德失范态度（$t=-2.477$，$P=0.001$）以及网络色情（$t=-2.521$，$P=0.003$）、网络言语侵害（$t=-2.033$，$P=0.001$）、网络滥用因子得分（$t=-1.940$，$P=0.013$）上存在显著差异。其中，非学生干部网络道德失范态度以及网络色情、网络言语侵害、网络滥用因子得分均显著高于学生干部。

表 7-9　　　　　青年学生的网络道德失范态度的是否学生干部差异

	学生干部		非学生干部		t	P
	平均数	标准差	平均数	标准差		
网络色情	11.53	7.28	13.13	8.35	-2.521	0.003
网络言语侵害	8.43	4.20	9.22	5.30	-2.033	0.001
网络滥用	7.52	3.88	8.19	4.60	-1.940	0.013
网络道德失范态度	27.47	13.57	30.54	16.72	-2.477	0.001

（五）政治面貌

606 名青年学生中政治面貌为党员 40 人，团员 532 人，群众 34 人。以政治面貌为自变量，网络色情因子得分、网络言语侵害因子得分、网络滥用因子得分、网络道德失范态度总分为因变量进行方差分析，结果见表 7-10。政治面貌因素在网络色情因子得分（$F=3.388$，$P=0.034$）上有显著差异，党员的网络色情因子得分显著低于团员和群众。

表 7-10　　　　　　青年学生的网络道德失范态度的政治面貌差异

	党员		团员		群众		F	P
	平均数	标准差	平均数	标准差	平均数	标准差		
网络色情	10.55	7.62	12.27	7.81	15.23	8.47	3.388	0.034
网络言语侵害	8.63	4.73	8.82	4.76	9.09	5.53	0.086	0.918
网络滥用	7.30	4.63	7.87	4.22	8.18	4.63	0.435	0.648
网络道德失范态度	26.48	16.04	28.96	15.12	32.50	16.71	1.441	0.238

（六）专业

606 名青年学生中专业为文科 248 人，理科 87 人，工科 57 人，医学 4 人，艺术 193 人，农林 1 人，其他 16 人。以专业为自变量，网络色情因子得分、网络言语侵害因子得分、网络滥用因子得分、网络道德失范态度总分为因变量进行方差分析，结果见表 7-11。专业因素在网络色情因子得分（$F = 3.573$，$P = 0.002$）、网络言语侵害因子得分（$F = 4.681$，$P < 0.001$）、网络滥用因子得分（$F = 4.240$，$P < 0.001$）网络道德失范态度总分（$F = 4.426$，$P < 0.001$）上有显著差异。在网络色情因子得分上，得分从低到高为农林、医学、理科、艺术、文科、工科、其他；在网络言语侵害因子得分上，得分从低到高为工科、艺术、理科、农林、医学、文科、其他；在网络滥用因子得分上，得分从低到高为农林、理科、艺术、医学、工科、文科、其他；在网络道德失范态度总分上，得分从低到高为农林、医学、艺术、工科、文科、理科、其他。

表 7-11　　　　　　青年学生的网络道德失范态度的专业差异

	文科		理科		工科		医学		艺术		农林		其他		F	P
	平均数	标准差	平均数	标准差	平均数	标准差	平均数	标准差	平均数	标准差	平均数	标准差	平均数	标准差		
网络色情	12.48	8.33	10.33	5.59	12.70	8.39	9.50	3.42	12.36	7.34	8.00		19.75	11.43	3.573	0.002
网络言语侵害	9.14	5.26	8.57	3.83	8.23	4.43	9.00	2.16	8.23	3.90	9.00		14.44	8.67	4.681	0.000
网络滥用	8.37	4.66	7.00	3.64	7.89	4.19	7.50	3.70	7.24	3.47	6.00		11.75	6.98	4.240	0.000
网络道德失范态度	29.99	16.76	35.91	12.21	28.82	15.21	26.00	9.06	27.83	12.42	23.00		45.94	26.29	4.426	0.000

（七）网龄

606 名青年学生中网龄不到 1 年的有 8 人，1—4 年的有 77 人，4—7 年的有 125 人，7—10 年的有 195 人，10 年以上的有 201 人。以政治面貌为自变量，网络色情因子得分、网络言语侵害因子得分、网络滥用因子得分、网络道德失范态度总分为因变量进行方差分析，结果见表 7-12。网龄因素在网络色情因子得分（$F = 3.795$，$P = 0.005$）上有显著差异。在网络色情因子得分中，网络年龄的得分从低到高分别为 1—4 年、不到 1 年、4—7 年、7—10 年、10 年以上。

表 7-12　　　　　青年学生的网络道德失范态度的网龄差异

	不到 1 年		1—4 年		4—7 年		7—10 年		10 年以上		F	P
	平均数	标准差	平均数	标准差	平均数	标准差	平均数	标准差	平均数	标准差		
网络色情	11.50	6.82	9.81	6.91	11.87	7.04	12.18	7.79	13.73	8.54	3.795	0.005
网络言语侵害	8.38	4.07	8.36	4.91	8.80	4.82	8.82	4.93	9.04	4.65	0.297	0.880
网络滥用	6.88	5.00	6.71	4.43	8.28	4.33	7.95	4.21	7.95	4.16	1.850	0.118
网络道德失范态度	26.75	15.71	24.88	15.70	28.95	14.68	28.95	15.26	30.72	15.34	2.092	0.080

（八）上网时间差异

606 名青年学生中上网时间为 1 小时以内的有 21 人，1—4 小时的有 221 人，4—7 小时的有 249 人，7 小时以上的有 115 人。以上网时间为自变量，以网络色情因子得分、网络言语侵害因子得分、网络滥用因子得分、网络道德失范态度总分为因变量进行方差分析，结果见表 7-13。上网时间因素在网络色情因子得分（$F = 4.316$，$P = 0.005$）、网络滥用因子得分（$F = 5.233$，$P = 0.001$）、网络道德失范态度总分（$F = 4.587$，$P = 0.003$）上有显著差异。在网络色情因子得分上，得分从低到高为上网时间为 1—4 小时、4—7 小时、7 小时以上、1 小时以内；在网络滥用因子得分上，得分从低到高为上网时间 1—4 小时、4—7 小时、7 小时以上、1 小时以内；在网络道德失范态度总分上，得分从低到高为上网时间为 1—4 小时、4—7 小时、7 小时以上、1 小时以内。

表 7-13　　　　　　青年学生的网络道德失范态度的上网时间差异

	1 小时以内		1—4 小时		4—7 小时		7 小时以上		F	P
	平均数	标准差	平均数	标准差	平均数	标准差	平均数	标准差		
网络色情	14.62	9.66	11.29	7.46	12.43	7.41	13.65	8.96	4.316	0.005
网络言语侵害	11.05	7.53	8.71	4.53	8.30	4.32	9.76	5.41	2.470	0.061
网络滥用	10.00	6.66	7.31	3.94	7.73	4.04	8.73	4.59	5.233	0.001
网络道德失范态度	35.67	23.17	27.32	14.45	28.46	13.90	32.14	17.28	4.587	0.003

二　分析

（一）性别差异分析

研究发现，男女学生的网络道德失范态度以及网络色情、网络言语侵害、网络滥用因子得分存在显著差异，男性网络道德失范态度以及网络色情、网络言语侵害、网络滥用因子得分均显著高于女性，说明男性对网络道德失范行为的接受程度要高于女性。这一发现与网络道德失范行为的性别差异相似。可能在于男性比女性表现出更多的网络不当行为，为了维持积极的自我形象，他们倾向于进行道德推脱，从而表现出对网络道德失范的较高接受程度。

（二）生源地差异

研究发现，生源地因素在网络色情因子得分、网络言语侵害因子得分、网络滥用因子得分、网络道德失范态度总分上均无显著差异。随着我国经济、技术的发展，网络在城市、农村、乡镇的普及程度相差无几，而网络的扁平性、去中心化特征使得无论是在城市还是农村，青年学生接触到的网络内容都差不多，所以生源地对他们的网络道德失范态度的影响不大。

（三）是否独生子女

研究发现，是否独生子女因在网络色情因子得分、网络言语侵害因子得分、网络滥用因子得分、网络道德失范态度总分上均无显著差异。随着我国经济的迅猛发展，独生子女和非独生子女在物质资源、教育资源等方面基本不存在差异，且二者的生活环境都局限于学校中，人际交往也局限于家人、同学和亲近朋友中，因此是否独生子女对青年学生的网络道德失范的态度影响较小。

（四）是否学生干部

研究发现，是否学生干部在青年学生网络道德失范态度以及网络色情、网络言语侵害、网络滥用因子得分上存在显著差异。其中，没有担任学生干部学生的网络道德失范态度以及网络色情、网络言语侵害、网络滥用因子得分均显著高于学生干部。毋庸置疑，愿意承担学生干部工作的学生在学习、人际交往、社会适应等方面相对于一般同学可能更为出色。此外，学生干部的身份可能也会影响他们的网络行为。两种可能原因学生干部同学对网络道德失范的较低接受程度。

（五）政治面貌

研究发现，政治面貌因素在网络色情因子得分上有显著差异。党员的网络色情因子得分显著低于团员和群众。党员一般是青年学生中的佼佼者，道德水平相对要更高；同时成为党员之后，青年学生会有意识地以党员标准严格要求自己，所以表现出对于观看网络色情内容的较低认可程度。

（六）专业差异

研究发现，专业因素在网络色情因子得分、网络言语侵害因子得分、网络滥用因子得分网络道德失范态度总分上有显著差异。在本研究中医学学生 4 人、农林学生 1 人、其他专业学生 16 人，代表性可能不足。如果只看理科、艺术、文科、工科四个专业，在网络色情因子得分上，得分从低到高为理科、艺术、文科、工科；在网络言语侵害因子得分上，得分从低到高为工科、艺术、理科、文科；在网络滥用因子得分上，得分从低到高为理科、艺术、工科、文科；在网络道德失范态度总分上，得分从低到高为艺术、工科、文科、理科。这种差异可能是专业性质差异所致，理科由于男生较多，所以对于网络道德失范行为的接受程度相对较高。

（七）网龄

研究发现，网龄因素在网络色情因子得分上有显著差异。在网络色情因子得分中，网络年龄的得分从低到高分别为 1—4 年、不到 1 年、4—7 年、7—10 年、10 年以上。可以看出，随着网龄的增长，青年学生对网络道德失范行为的认可程度逐渐上升。这有可能是因为随着时间的推移，青年学生的网络接触也越来越多，对网络生活的复杂性有了新的认识，对网络道德失范行为逐渐变得习以为常，由此导致对网络道德失范行为的认可程度上升。

（八）上网时间

研究发现，上网时间因素在网络色情因子得分、网络滥用因子得分、网络道德失范态度总分上有显著差异。在网络色情因子得分上，得分从低到高为上网时间为1—4小时、4—7小时、7小时以上、1小时以内；在网络滥用因子得分上，得分从低到高为上网时间1—4小时、4—7小时、7小时以上、1小时以内；在网络道德失范态度总分上，得分从低到高为上网时间为1—4小时、4—7小时、7小时以上、1小时以内。上网时间1小时以内的网络色情因子得分、网络滥用因子得分、网络道德失范态度总分显著高于其他时长。可能原因在于，网络色情、网络滥用可能会对上网时间较短的青年学生更具有吸引力。此外，分析1—4小时、4—7小时、7小时以上三个时长后发现，上网时间越长，上网时间因素在网络色情因子得分、网络滥用因子得分、网络道德失范态度总分越高，对于网络道德失范行为的接受程度越高。这可能是因为，接触网络越多则就越容易沉湎其中，容易对一些网络道德失范行为习以为常。

三　对策与建议

（一）加强网络社会的管理制度建设，为青年学生构建网络行为的道德边界

青年学生作为目前网络使用的主力军，是引导网络发展、建设的重要力量。我们应根据青年学生的网络道德失范行为的特点，如重点在网络色情、网络侵害上切实加强针对青年学生网络行为特点的社会管理制度建设，创新网络社会管理体制。从制度上为青年学生构建网络行为的道德边界，为青年学生网络行为提供制度管理和法律保障。2001年11月共青团中央、教育部、文化部、国务院新闻办、全国青联、全国学联、全国少工委、中国青少年网络协会等单位联合发布《全国青少年网络文明公约》，提出"五要五不"的网络道德要求：要善于网上学习，不浏览不良信息；要诚实友好交流，不侮辱欺诈他人；要增强自护意识，不随意约会网友；要维护网络安全，不破坏网络秩序；要有益身心健康，不沉溺虚拟时空。因此，我们应从法律法规、相关政策方面切实落实网络社会的管理，不要让网络社会的管理成为一纸空谈。

（二）培育塑造文明的网络道德规范

我们应将网络道德教育的内容与中国的现实国情结合起来，认真分析网络社会的特点和基本规律，结合中国传统道德规范要求，探索和提炼总结合理的、适用的、有效的、符合我国国情的网络道德标准和网络道德行为规范。

社会应加强对青年学生的网络道德培养、教育，为学生营造文明网络环境。在营造良好环境的过程中，可以充分发挥微信公众号等新媒体运营平台，通过新媒体网络不断正面宣传，加强对网络道德问题的引导，批评违背网络道德的行为和态度，为青年学生树立正确的价值导向。此外，还应加强对青年学生关于互联网基本知识教育、上网行为控制、时间和情绪管理等教育内容。

第三节　青年学生网络道德失范态度的心理机制

一　研究目的

在第六章我们详细分析了网络道德失范行为的影响因素及其心理机制。本章拟以所编制的《青年网络道德失范态度量表》为工具，进一步分析影响青年学生网络道德失范态度的因素及其可能机制。

我们认为，青年学生的人格因素和目标导向同样会影响其网络道德失范态度。其中，人格因素主要探讨了黑暗三联征（马基雅维利主义、精神病态、自恋）与青年学生道德失范态度的关系。基于青年学生网络道德失范行为的研究发现，我们认为，马基雅维利主义、精神病态、自恋程度较高的人容易接受网络道德失范行为。此外，我们还基于 Vande Walle（1997）目标导向三维理论，假设学习目标导向、绩效证明目标导向较高的人持有较低的对网络道德失范行为的接受程度，而绩效回避目标导向较高的人持有更高的对网络道德失范行为的接受程度。

研究还计划探讨黑暗三联征和目标导向影响青年学生网络道德失范态度的可能机制。我们探讨了道德认同在其间的调节作用和道德推脱的中介作用。基于青年学生网络道德失范行为的研究发现，我们假设：1. 道德认同在黑暗三联征、目标导向与青年学生网络道德失范态度的关系中发挥调节作用，与道德认同较低的青年学生相比，黑暗三联征、目标导向不影响道德认同较高的青年学生的网络道德失范态度；2. 道德推脱在黑暗三联征、目标导向与青年学生网络道德失范态度的关系中发挥中介作用。

二　方法

（一）被试

801 名青年学生参加了本调研，最后获得有效数据 606 份。

（二）问卷

青年学生网络道德失范态度：采用本研究编制的《青年学生网络道德失范态度量表》。在本研究中，该量表的内部一致性系数为 0.903。

黑暗三联征：本研究采用 Jonason 和 Webster（2010）编制的黑暗三联征量表，经孙群博、耿耀国和黄婧宜等（2015）修订为中文版本。修订后的量表共有 12 个条目，包含马基雅维利主义、精神病态和自恋 3 个因子，各有 4 个条目分别测量这三个人格特质。量表采用 Likert 7 点计分，要求被试评价在与一般人的交往过程中自己的实际情况与这些陈述的符合程度，1表示"非常不符合"，7 表示"非常符合"，得分越高表明个体具有的黑暗三联征人格特质越明显。在本研究中，该量表的内部一致性系数为 0.874。

目标导向：采用 Vande Walle（1997）编制的目标导向三维度量表。该量表包含 13 个题项，其中"我愿意选择一项富有挑战性但令我学到更多知识的工作"等 5 个题项用来测量学习目标导向；"我在意向别人展现我的绩效比我的同事好"等 4 个题项测量绩效证明目标导向；"我会避免做那些可能让我表现不如别人的新工作"等 4 个题项测量绩效回避目标导向。在本研究中，学习目标导向、绩效证明目标导向和回避目标导向量表的内部一致性系数分别为 0.829、0.845 和 0.823。

道德认同：修订了 Aquino 和 Reed（2002）编制的道德认同问卷。问卷中的 9 种道德特质为：孝顺、诚信、守法、公正、正义、真诚、感恩、尊重他人、有责任心。该量表包括内化道德认同和象征化道德认同两个维度，共 14 道题项。采用 Likert 5 点评分，得分越高说明道德认同程度越高。在本研究中，该量表的内部一致性系数为 0.813。

道德推脱：采用王兴超（2011）修订的道德推脱量表。该量表包含 8 个维度，共 32 道题项。采用 Likert 5 点评分，得分越高说明道德推脱水平越高。在本研究中，该量表的内部一致性系数为 0.808。

研究还让被试填写了自己的人口统计学信息。

三　结果

（一）描述性统计分析

描述性统计分析结果见表7-14。

表7-14　　　　　　　　描述性统计分析结果

	平均值	标准差
网络道德失范态度	28.99	15.29
道德认同	70.02	15.15
道德推脱	72.18	35.25
马基雅维利主义	10.74	6.05
精神病态	10.28	5.97
自恋	17.93	5.83
学习目标导向	25.56	6.22
绩效证明导向	18.86	4.76
绩效回避导向	16.77	5.54

从表7-14中可以看出，网络道德失范态度量表平均得分28.99，标准差15.29；道德认同量表平均得分70.02，标准差15.15；道德推脱量表平均得分72.18，标准差35.25；马基雅维利主义量表平均得分10.74，标准差6.05；精神病态量表平均得分10.28，标准差5.97；自恋量表平均得分17.93，标准差5.83；学习目标导向量表平均得分25.56，标准差6.22；绩效证明导向量表平均得分18.86，标准差4.76；绩效回避导向量表平均得分16.77，标准差5.54。

（二）相关分析

研究分析了道德认同、道德推脱、黑暗三联征、目标导向与青年学生网络道德失范态度之间的相关。分析结果见表7-15。

表7-15　　　　　　　　相关分析结果

	网络道德失范态度	道德认同	道德推脱	马基雅维利主义	精神病态	自恋	学习目标导向	绩效证明导向
网络道德失范态度	1							
道德认同	-0.207**	1						

	网络道德失范态度	道德认同	道德推脱	马基雅维利主义	精神病态	自恋	学习目标导向	绩效证明导向
道德推脱	0.529**	-0.211**	1					
马基雅维利主义	0.250**	-0.009	0.381**	1				
精神病态	0.322**	-0.064	0.407**	0.749**	1			
自恋	0.109**	0.397**	0.095*	0.292**	0.241**	1		
学习目标导向	-0.150**	0.494**	-0.178**	0.038	-0.014	0.483**	1	
绩效证明导向	-0.027	0.451**	-0.045	0.263**	0.133**	0.526**	0.584**	1
绩效回避导向	0.069	0.134**	0.198**	0.387**	0.356**	0.258**	0.090*	0.451**

注：*，$P<0.05$；**，$P<0.01$；***，$P<0.001$。

由表 7-15 可知，道德认同、学习目标导向与青年学生的网络道德失范态度呈显著负相关，道德推脱、马基雅维利、精神病态、自恋与青年学生的网络道德失范态度呈显著正相关。

（三）道德认同、道德推脱、黑暗三联征、学习目标导向与青年学生网络道德失范态度的关系

研究分别以道德认同、道德推脱、马基雅维利主义、精神病态、自恋、学习目标导向为自变量，以青年学生网络道德失范态度为因变量，以性别、是否学生干部、政治面貌为控制变量建立层级性回归分析方程。因为绩效证明目标导向、绩效回避目标导向与青年学生网络道德失范态度相关不显著，在此不再分析。

1. 道德认同与青年学生网络道德失范态度的关系

以道德认同为自变量，以青年学生网络道德失范态度为因变量，以性别、是否学生干部、政治面貌为控制变量建立层级性回归分析方程。结果发现，道德认同可以显著预测青年学生网络道德失范态度（$\beta=-0.203$，$t=-5.198$，$P<0.001$）。

2. 道德推脱与青年学生网络道德失范态度的关系

以道德推脱为自变量，以青年学生网络道德失范态度为因变量，以性别、是否学生干部、政治面貌为控制变量建立层级性回归分析方程。结果发现，道德推脱可以显著预测青年学生网络失范态度（$\beta=0.511$，$t=14.913$，$P<0.001$）。

3. 马基雅维利主义与青年学生网络道德失范态度的关系

以马基雅维利主义为自变量，以青年学生网络道德失范态度为因变量，以性别、是否学生干部、政治面貌为控制变量建立层级性回归分析方程。结果发现，马基雅维利主义可以显著预测青年学生网络道德失范态度（$\beta = 0.218$，$t = 5.479$，$P < 0.001$）。

4. 精神病态与青年学生网络道德失范态度的关系

以精神病态为自变量，以青年学生网络道德失范态度为因变量，以性别、是否学生干部、政治面貌为控制变量建立层级性回归分析方程。结果发现，精神病态可以显著预测青年学生网络道德失范态度（$\beta = 0.293$，$t = 7.473$，$P < 0.001$）。

5. 自恋与青年学生网络道德失范态度的关系

以自恋为自变量，以青年学生网络道德失范态度为因变量，以性别、是否学生干部、政治面貌为控制变量建立层级性回归分析方程。结果发现，自恋可以显著预测青年学生网络道德失范态度（$\beta = 0.102$，$t = 2.563$，$P = 0.011$）。

6. 学习目标导向与青年学生网络道德失范态度的关系

以学习目标导向为自变量，以青年学生网络道德失范态度为因变量，以性别、是否学生干部、政治面貌为控制变量，建立层级性回归分析方程。结果发现，学习目标导向可以显著预测青年学生网络道德失范态度（$\beta = -0.139$，$t = -3.508$，$P < 0.001$）。

（四）青年学生网络失范态度的中介机制分析

依照温忠麟、张雷、侯杰泰和刘红云（2004）提出的中介效应依次检验法三步骤：首先，做因变量对自变量的回归分析，回归系数显著。其次，依次做中介变量对自变量的回归分析、因变量对中介变量的回归分析，两者回归系数都显著。再次，同时做因变量对自变量和中介变量的回归分析，如果自变量回归系数仍然显著，则为部分中介作用；如果自变量回归系数不再显著，则为完全中介作用。本研究探讨了道德推脱在马基雅维利主义、精神病态、自恋、学习目标导向与青年学生网络道德失范态度关系中的中介作用。

1. 道德推脱在马基雅维利主义与青年学生网络道德失范态度中的中介作用分析

以马基雅维利主义为自变量，以青年学生网络道德失范态度为因变量，以性别、是否学生干部、政治面貌为控制变量，以道德推脱为中介变量建立层级性回归分析方程。研究发现，马基雅维利主义能够显著预测青年学生网络道德失范态度（$\beta = 0.218$，$t = 5.479$，$P < 0.001$），马基雅维利主义对道德推脱的预测效应也显著（$\beta = 0.359$，$t = 9.33$，$P < 0.001$）。在加入道德推脱这一中介变量后，马基雅维利主义的回归系数由 0.218 下降为 0.040（$t = 1.079$，$P = 0.281$）。这表明，道德推脱在马基雅维利主义与青年学生网络道德失范态度中发挥完全中介作用。详情见表 7-16。

表 7-16　　　　　道德推脱在马基雅维利主义与青年学生
网络道德失范态度中的中介作用分析

	网络道德失范态度	道德推脱	加入道德推脱后的网络道德失范态度
性别	-0.136**	-0.085*	-0.094**
是否学生干部	0.065	0.032	0.049
政治面貌	0.033	0.014	0.026
马基雅维利主义	0.218***	0.359***	0.040
道德推脱			0.496***
F	14.194***	26.451***	50.149***
R^2	0.087	0.150	0.296
$\triangle R^2$			0.209

注：*，$P < 0.05$；**，$P < 0.01$；***，$P < 0.001$。

2. 道德推脱在精神病态与青年学生网络道德失范态度中的中介作用

以精神病态为自变量，以青年学生网络道德失范态度为因变量，以性别、是否学生干部、政治面貌为控制变量，以道德推脱为中介变量建立层级性回归分析方程。研究发现，精神病态能够显著预测青年学生网络道德失范态度（$\beta = 0.293$，$t = 7.743$，$P < 0.001$），精神病态对道德推脱的预测效应也显著（$\beta = 0.384$，$t = 10.062$，$P < 0.001$）。在加入道德推脱这一中介变量后，精神病态的回归系数由 0.293 下降为 0.113（$t = 2.99$，$P = 0.003$）。Sobel 检验结果表明，$Z = 0.62$，$P = 0.54$，检验结果不显著。这表明，道德推脱在精神病态与青年学生网络道德失范态度中不发挥中介作用。详情见表 7-17。

表 7-17   道德推脱在精神病态与青年学生网络道德
失范态度中的中介作用分析

	网络道德失范态度	道德推脱	加入道德推脱后的网络道德失范态度
性别	-0.117^{**}	-0.072	-0.083^{*}
是否学生干部	0.051	0.021	0.041
政治面貌	0.032	0.017	0.025
精神病态	0.293^{***}	0.384^{***}	0.113^{**}
道德推脱			0.469^{***}
F	20.804^{***}	30.044^{***}	52.559^{***}
R^2	0.122	0.167	0.305
$\triangle R^2$			0.183

注:*,$P<0.05$;**,$P<0.01$;***,$P<0.001$。

3. 道德推脱在自恋与青年学生网络道德失范态度中的中介作用

以自恋为自变量,以青年学生网络道德失范态度为因变量,以性别、是否学生干部、政治面貌为控制变量,以道德推脱为中介变量建立层级性回归分析方程。研究发现,自恋能够显著预测青年学生网络道德失范态度($\beta=0.102$,$t=2.563$,$P=0.011$),自恋对道德推脱的预测效应也显著($\beta=0.085$,$t=2.114$,$P=0.035$)。在加入道德推脱这一中介变量后,自恋的回归系数由 0.102 下降为 0.059($t=1.717$,$P=0.086$)。这表明,道德推脱在自恋与青年学生网络道德失范态度中发挥完全中介作用。详情见表 7-18。

表 7-18   道德推脱在自恋与青年学生网络道德失范
态度中的中介作用分析

	网络道德失范态度	道德推脱	加入道德推脱后的网络道德失范态度
性别	-0.168^{***}	-0.139^{**}	-0.097^{**}
是否学生干部	0.083^{*}	0.065	0.050
政治面貌	0.037	0.026	0.024
自恋	0.102^{*}	0.085^{*}	0.059
道德推脱			0.506^{***}
F	7.969^{***}	18.356^{***}	50.86^{**}

续表

	网络道德失范态度	道德推脱	加入道德推脱后的 网络道德失范态度
R^2	0.050	0.159	0.298
$\triangle R^2$			0.248

注：*，$P<0.05$；**，$P<0.01$；***，$P<0.001$。

4. 道德推脱在学习目标导向与青年学生网络道德失范态度中的中介作用

以学习目标导向为自变量，以青年学生网络道德失范态度为因变量，以性别、是否学生干部、政治面貌为控制变量，以道德推脱为中介变量建立层级性回归分析方程。研究发现，学习目标导向能够显著预测青年学生网络道德失范态度（$\beta=-0.139$，$t=-3.508$，$P<0.001$），学习目标导向对道德推脱的预测效应也显著（$\beta=-0.173$，$t=-4.352$，$P<0.001$）。在加入道德推脱这一中介变量后，学习目标导向的回归系数由-0.139提升为-0.052（$t=-1.502$，$P=0.134$）。这表明，道德推脱在学习目标导向与青年学生网络道德失范态度中发挥完全中介作用。详情见表7-19。

表7-19　　　　　　　　道德推脱在学习目标导向与青年学生
网络失范态度中的中介作用分析

	网络道德失范态度	道德推脱	加入道德推脱后的 网络道德失范态度
性别	-0.158***	-0.127**	-0.094**
是否学生干部	0.081*	0.060	0.050
政治面貌	0.049	0.038	0.030
学习目标导向	-0.139***	-0.173***	-0.052
道德推脱			0.502***
F	9.464***	8.913***	50.664***
R^2	0.059	0.056	0.297
$\triangle R^2$			0.238

注：*，$P<0.05$；**，$P<0.01$；***，$P<0.001$。

（五）青年学生网络失范态度调节的心理机制分析

根据温忠麟、侯杰泰和张雷（2005）有关调节效应检验的理论，将自变量和调节变量中心化，做因变量对自变量、调节变量、自变量和调节变量乘积项的层级回归分析，然后检验自变量和调节变量乘积项回归系数，如果显著，则说明调节效应显著。本研究探讨了道德认同在马基雅维利主义、精神病态、自恋、学习目标导向与青年学生网络道德失范态度关系中的调节作用。

1. 道德认同在马基雅维利主义与青年学生网络道德失范态度中的调节作用

回归分析表明（见表7-20），道德认同（$\beta=-0.203$，$t=-5.315$，$P<0.001$）和马基雅维利主义（$\beta=0.218$，$t=5.479$，$P<0.001$）对青年学生网络道德失范态度的预测效应显著。不仅如此，道德认同和马基雅维利主义交互作用对青年学生网络道德失范态度预测效应显著（$\beta=-0.175$，$t=-4.535$，$P<0.001$），这说明道德认同在马基雅维利主义与青年学生网络道德失范态度中发挥调节作用。简单斜率检验发现，在高道德认同条件（+1SD）下，马基雅维利主义对青年学生网络道德失范态度的回归系数为0.071（$t=1.421$，$P=0.156$），而在低道德认同条件（-1SD）下，马基雅维利主义对青年学生网络道德失范态度的回归系数则为0.441（$t=-7.048$，$P<0.001$）。这说明，高道德认同降低了马基雅维利主义对青年学生网络道德失范态度的预测作用。

表7-20　　　　道德认同在马基雅维利主义与青年学生
网络道德失范态度中的调节作用分析

	青年学生网络道德失范态度		
	模型1	模型2	模型3
性别	-0.136**	-0.131**	-0.125***
是否学生干部	0.065	0.067	0.066
政治面貌	0.033	0.033	0.035
马基雅维利主义	0.218***	0.217***	0.256***
道德认同		-0.203***	-0.205***
马基雅维利主义×道德认同			-0.175***
F	14.194***	17.523***	18.508
R^2	0.087	0.128	0.157
$\triangle R^2$		0.041	0.029

注：*，$P<0.05$；**，$P<0.01$；***，$P<0.001$。

2. 道德认同在精神病态与青年学生网络道德失范态度中的调节作用

回归分析表明（见表 7-21），道德认同（$\beta=-0.186$，$t=-4.946$，$P<0.001$）和精神病态（$\beta=0.293$，$t=7.473$，$P<0.001$）对青年学生网络道德失范态度的预测效应显著。不仅如此，道德认同和精神病态交互作用对青年学生网络道德失范态度预测效应显著（$\beta=-0.211$，$t=-5.695$，$P<0.001$），这说明道德认同在精神病态与青年学生网络道德失范态度中发挥调节作用。简单斜率检验发现，在高道德认同条件（+1SD）下，精神病态对青年学生网络道德失范态度的回归系数为 0.093（$t=1.859$，$P=0.064$），而在低道德认同条件（-1SD）下，精神病态对青年学生网络道德失范态度的回归系数则为 0.528（$t=9.201$，$P<0.001$）。这说明，高道德认同降低了精神病态对青年学生网络道德失范态度的预测作用。

表 7-21　　　　　　道德认同在精神病态与青年学生网络道德
失范态度中的调节作用分析

	青年学生网络道德失范态度		
	模型 1	模型 2	模型 3
性别	-0.117^{**}	-0.114^{**}	-0.117^{**}
是否学生干部	0.051	0.053	0.050
政治面貌	0.032	0.033	0.042
精神病态	0.293^{***}	0.281^{***}	0.311^{***}
道德认同		-0.186^{***}	-0.185^{***}
精神病态×道德认同			-0.211^{***}
F	20.804^{***}	22.186^{***}	24.865^{***}
R^2	0.122	0.156	0.200
$\triangle R^2$		0.034	0.044

注：*，$P<0.05$；**，$P<0.01$；***，$P<0.001$。

3. 道德认同在自恋与青年学生网络道德失范态度中的调节作用

回归分析表明（见表 7-22），道德认同（$\beta=-0.290$，$t=-6.942$，$P<0.001$）和自恋（$\beta=0.102$，$t=2.563$，$P=0.011$）对青年学生网络道德失范态度的预测效应显著。道德认同和自恋交互作用对青年学生网络道德失范态度预测效应不显著（$\beta=-0.066$，$t=-1.681$，$P=0.093$），这说明道德认同在自恋与青年学生网络道德失范态度中没有发挥调节作用。

表 7-22　　　　　　道德认同在自恋与青年学生网络道德失范
态度中的调节作用分析

	青年学生网络道德失范态度		
	模型 1	模型 2	模型 3
性别	-0.168 ***	-0.161 ***	-0.167 ***
是否学生干部	0.083 **	0.081 *	0.076
政治面貌	0.037	0.031	0.037
自恋	0.102 *	0.218 ***	0.219 ***
道德认同		-0.290 ***	-0.303 ***
自恋×道德认同			-0.066
F	7.969 ***	16.515 ***	14.275 ***
R^2	0.050	0.121	0.125
$\triangle R^2$		0.071	0.004

注:*, $P<0.05$;**, $P<0.01$;***, $P<0.001$。

4. 道德认同在学习目标导向与青年学生网络道德失范态度中的调节
作用

回归分析表明（见表 7-23），道德认同（$\beta=-0.178$, $t=-3.962$, $P<0.001$）和学习目标导向（$\beta=-0.139$, $t=-3.508$, $P<0.001$）对青年学生网络道德失范态度的预测效应显著。道德认同和学习目标导向交互作用对青年学生网络道德失范态度预测效应不显著（$\beta=-0.042$, $t=-1.036$, $P=0.301$），这说明道德认同在学习目标导向与青年学生网络道德失范态度中没有发挥调节作用。

表 7-23　　　　　道德认同在学习目标导向与青年学生网络道德
失范态度中的调节作用分析

	青年学生网络道德失范态度		
	模型 1	模型 2	模型 3
性别	-0.158 ***	-0.159 ***	-0.161 ***
是否学生干部	0.081	0.086	0.085 **
政治面貌	0.049	0.046	0.049
学习目标导向	-0.139 ***	-0.051	-0.056
道德认同		-0.178 ***	-0.187 ***
学习目标导向×道德认同			-0.042

续表

	青年学生网络道德失范态度		
	模型 1	模型 2	模型 3
F	9.464***	10.895***	9.259***
R^2	0.059	0.083	0.085
$\triangle R^2$		0.024	0.002

注：*，$P<0.05$；**，$P<0.01$；***，$P<0.001$。

四 讨论

（一）道德认同与青年学生网络道德失范

相关及回归分析均发现，道德认同能够反向预测青年学生网络道德失范态度。本研究还发现，道德认同在马基雅维利主义、精神病态与青年学生网络道德失范态度中发挥调节作用，高道德认同降低了马基雅维利主义、精神病态对青年学生网络道德失范态度的预测作用。

本研究并没有考虑内化道德认同和象征化道德认同的区分。道德认同包括两个维度：内化（Internalization）和象征化（Symbolization）。其中，内化道德认同反映的是个体对道德特质的内在认可，而象征化道德认同指的是个体是否期望外部环境或他人感受到这些道德特质。内化道德认同和象征化道德认同受到情境制约的影响而不同。内化道德认同较高的个体表现出较强的自我道德控制倾向，无论是否获得社会或组织认可都愿意从事亲社会行为（Winterich，Aquino，Mittal，& Swartz，2013）。而象征化道德认同是一种外在维度，指道德规范向外表达的程度，是个体希望获得来自外部环境的认可，关系到道德自我公共或社会方面。因此，象征化道德认同更易受外部环境干扰。本研究并没有探究内化道德认同、象征化道德认同在目标导向、黑暗三联征与青年学生网络道德失范态度关系中的作用及其可能存在的差异。

（二）道德推脱与青年学生网络道德失范

相关及回归分析均发现，道德推脱显著地正向预测青年学生网络失范态度。本研究发现，道德推脱在马基雅维利主义、绩效回避目标导向与青年学生网络道德失范态度的关系中发挥着完全中介作用，在精神病态、学习目标导向与青年学生网络道德失范态度中不发挥中介作用。

本研究并没有探究道德推脱的具体作用机制。Bandura（2002）认为，道德推脱可通过 8 种心理机制实现。由于道德推脱本身是个体为了摆脱不道德行为责任而进行的认知重构，依据作用点的不同可将这八种道德推脱机制分为四个类别。第一类包括道德辩护、有利比较、委婉标签三种机制，通过这三种策略个体可以对不道德行为的内涵进行重新建构。赋予不道德行为以更高的道义目标，从而使不道德行为更容易被社会所理解并接受（例如，Kramer，1990）。而与更严重的不道德行为对比，或者使用含蓄或道德上纯净的语言重新描述不道德行为则弱化了当前行为的严重性（Bandura，2002）。第二类机制包括减小、忽视或扭曲结果，将不道德行为造成的消极结果最小化从而减轻个体应承担的责任（Bandura，1990，2002）。第三类机制作用于不道德行为所指向的受害人，包括非人化和责备归因两种机制，通过强调受害者非人的特质来降低对受害者的认同，或将不道德行为的责任直接推卸给受害者来推脱个体自己的责任（例如，Deutsch，1990）。第四类机制则作用于不道德行为的其他相关者，把其他人（尤其是内群体成员）也归结为行为责任人以实现责任分散，或者直接把不道德行为解释为上级命令下做出的以实现责任转移（例如，Milgram，1974）。值得注意的是，道德推脱的八种策略往往是选择性激活的，在不同的条件和情境中个体可能倾向于采取某一种或几种道德推脱策略对不道德行为进行重构（Bandura，2002）。进一步的研究有必要考虑上述哪些具体的道德推脱机制参与到抑制青年学生网络道德失范行为中。

（三）目标导向与青年学生网络道德失范

相关及回归分析均发现，学习目标导向能够反向预测青年学生网络道德失范态度和行为；绩效回避目标导向与青年学生网络失范态度之间的关系不显著，但与青年学生网络道德失范行为呈正相关；而绩效证明目标导向与青年学生网络失范态度与行为之间的关系均不显著。Dweck（1986）认为，目标导向是指个体对于不同类型的目标达成状态的定位。Vande Walle（1997）认为，目标导向是关于个体追求成就任务的理由，亦即对目标认知的表征，它反映了个体对成就任务的一种内在认知取向：是一个关于目标、胜任、能力、成功、努力、错误和标准的有组织的结构系统。因此，目标导向是个体关于成就目的的活动，成功的意义和成功的标准的整合的信念系统（Vande Walle，1997）。学习目标导向的个体注重个人成长和价值实现，寻求成功的意义，在从事成就任务时会发展自己的道德理解力，以便在困难情境中也能掌握和精通道德规范，这无疑会提升其道德标准，从而抑制了其网络道德失范态度与行为。

绩效回避目标导向和绩效证明目标导向与青年学生网络道德失范态度之间的关系不显著，可能是因为绩效回避目标导向和绩效证明目标导向都属于表现目标导向。一般来说，具有表现目标导向的个体为了证明自己是道德的，他们会从事道德行为，而在面对负面威胁情境时表现目标导向的个体会选择逃避和放弃一些原则；而学习目标导向的个体会在面对冲突时，选择坚持原则或者反对一些不道德的行为。例如，研究发现，表现目标导向对个体的绩效非道德行为具有显著的正向影响（王亚琼，2015）。因此，绩效回避目标导向的青年学生在网络消极情境下倾向于采取网络道德失范行为。

（四）黑暗三联征与青年学生网络道德失范

研究发现，马基雅维利主义、精神病态可以显著正向预测青年学生网络失范态度和行为，而自恋可以正向预测青年学生网络失范态度，但是不能预测青年学生网络道德失范行为。自恋者通常倾向于支配他人，具有夸张的行为方式以及拥有优越感的内心体验，过分地追求成功、渴望关注，这种对他人的支配感以及渴望关注的心理可能会使自恋者在心理上接受网络道德失范行为，但在具体行为过程中则不愿意从事这一行为。可能原因在于，网络道德失范行为在实质上是不道德的行为，这种不道德性质可能会对自恋者的积极自我形象造成威胁，使自恋者体验到极大的认知失调，由此削弱了其从事网络道德失范行为的可能性。

五　研究结论

首先，道德认同、学习目标导向可以显著反向预测青年学生网络道德失范态度；而道德推脱、马基雅维利主义、精神病态、自恋可以显著正向预测青年学生网络失范态度。

其次，道德推脱在马基雅维利主义、自恋、学习目标导向与青年学生网络道德失范态度中均发挥着完全中介作用。

再次，道德认同在马基雅维利主义、精神病态与青年学生网络道德失范态度中发挥调节作用，与道德认同较低的个体相比，较高的道德认同降低了马基雅维利主义、精神病态两种人格对青年学生网络道德失范态度的预测作用。

第八章

青年学生网络道德失范的纠偏、应对与防范

在网络社会中同样要加强道德建设。网络道德失范层出不穷，影响了网络的正常秩序，放大了网络的负面作用。而当下网络已成为青年学生生活中的重要组成部分，网络道德失范对青年学生的责任感、义务感、道德感的养成构成了极大的威胁。习近平总书记指出："国无德不兴，人无德不立。必须加强全社会的思想道德建设，激发人们形成善良的道德意愿、道德情感，培育正确的道德判断和道德责任，提高道德实践能力尤其是自觉践行能力，引导人们向往和追求讲道德、尊道德、守道德的生活，形成向上的力量、向善的力量。"[①]

第一节 青年学生网络道德失范纠偏

一 网络道德失范的纠偏原则

原则是指人们在观察问题和处理问题时所参照的准则或标准。对青年学生网络道德失范进行纠偏，培养正确的网络道德价值观，需要遵循一定的原则，使应对对策更具操作性和实效性。

（一）合法与合理相结合原则

依法治国是我国的基本方略，"这不仅仅体现在现实社会中法律的维护和健全当中，也体现在网络社会建立健全法律法规上"。[②] 现今，网络

[①] 《习近平在山东考察时强调认真贯彻党的十八届三中全会精神　汇聚起全面深化改革的强大正能量》，《人民日报》，2013 年 11 月 29 日第 1 版。

[②] ［美］亚历山大·米克尔约翰：《表达自由的法律限度》，侯健译，贵州人民出版社 2003年版，第 241 页。

社会的快速发展对我国互联网的法制建设提出了新的要求，也对我国的法律体系的健全带来了新的挑战和机遇。我们既要纠正青年学生不正确的网络失范行为，又要确保其作为网络主体的合法权益受到法律的有力保护。网络社会有些问题还存在法律空白，这时候有些约定俗成的规矩、习俗习惯，符合广大网络主体根本利益的，符合我国网络社会发展大趋势，符合合理性的规则，那么也可用来纠正网络道德失范行为，从而来维护网络社会的和谐稳定。

（二）可行与有效相结合原则

网络道德失范行为纠偏措施是否行之有效，关键还是看对行为的纠正是否有效。一方面，我们要坚持实事求是的原则去制定网络道德失范行为规范的对策；另一方面，我们也要吸收借鉴国内外先进的经验和成功案例，坚持为我所用的原则，结合我国网络社会发展的实际情况，将他人的成功做法转变为适用于解决我国网络道德失范问题的有效措施和指导方法。

（三）自律内化与他律监督相结合

马克思在《评普鲁士最近的书报检查》一文中指出："道德基础是人类精神的自律。"[1] 马克思这一经典的论述阐述了人类道德建设的基本精神。自律主要是指青年学生在没有任何外在监督的条件下能够遵守网络道德规范，严于律己，约束自己的言行。他律主要是指外部监督，是指青年学生接受自身之外的个体或群体的监督、检查和约束。网络道德他律和自律相互结合，双向并进，才能更好地矫正和治理青年学生网络道德失范。网络道德法规建设是青年学生网络道德他律的方式之一，是一种强制性的手段措施，对青年学生的网络行为具有引导和约束作用。他律要与慎独内化的自律方式相结合，才能形成正确的网络道德价值观。

（四）技术应用与人文关怀相结合

一方面，网络技术的飞速发展为实现网络道德规范提供重要的手段和支撑。尤其是随着5G时代的来临以及人工智能的广泛运用，在一定程度上可以提高网络社会道德管理和控制水平。例如，我们可以使用加密技术、算法技术、防火墙技术、自动屏蔽、自动筛选技术等保障网络社会的正常有序运行，可以有效预防和干扰网络道德失范行为的发生。但另一方

---

[1] 《马克思恩格斯全集》第1卷，人民出版社1995年版，第119页。

面，我们还应该坚持人文关怀。在网络道德建设中既要重视网络技术的研发和运用，又要注意是否产生负面不良影响。尊重青年学生的主体地位和个性差异，关心关注青年学生的个性需求，激发他们的主动性、积极性、创造性，引导青年学生实现网络道德的内化。

（五）维护和防范相结合

建构网络道德体系，治理网络道德失范行为，旨在对网络参与主体的活动进行规范，防止失范行为的发生，最终目标在于实现互联网平台的公平共享，实现网络社会的和谐健康发展。纠偏网络道德失范行为，一方面，要进行网络维护，即利用网络技术本身对网络进行环境维护。另一方面，要防范网络失范行为的发生，维护与防范互补结合，保障主体的网络行为以及享受网络平台资源的权利，防范网络行为的过度"自由化"状态，构建公平公正的网络体系。

（六）线上教育和线下教育相结合

网络社会是现实社会的延伸，线上和线下是有联系又有区别的相统一的过程。网络道德问题必然是对现实社会的反映。解决网络道德问题，同样离不开现实社会中道德实践。网络道德纠偏既不能用"线下教育"代替"线上教育"，也不能用"线上教育"涵盖"线下教育"。线上教育，可以在真实的网络环境下使青年学生接受网络道德熏陶，规范网络行为，形成良好的网络行为习惯。线下教育开展可以开展丰富多彩的道德实践活动，如朋辈交流、榜样学习、志愿服务等丰富网络道德实践的形式。

第二节　青年学生网络道德失范应对

一　网络信息失范的治理应对

邓小平强调指出："制度好可以使坏人无法任意横行，制度不好可以使好人无法充分做好事，甚至会走向反面。"[①] 英国经济学家亚当·斯密也指出："良好的社会制度和政治制度将能够给那些既有益于个人完善又有助于他人幸福的品质提供培养和发挥作用的环境。同时，又能够有效地

---

① 《邓小平文选》第2卷，人民出版社1994年版，第333页。

控制那些损人利己的恶劣品质和行径。"① 我们在借助互联网的便利自由浏览阅读免费、快捷、海量网络信息的同时，网络信息失范行为也在污染着网络生态网络空间。网络是一个巨大的信息资源库，各种各样的信息交织在一起，鱼龙混杂，质量参差不齐，使互联网变成了一个名副其实的信息万花筒。在网络社会中由于主体身份的隐藏性、交往的多样性、行为的虚拟性、活动的超时空性等特点，人们生产、传播信息达到了极限，这既有其积极进步的一面，同时也产生了许多网络信息失范行为。

因此，有必要从制度治理层面予以应对。国家互联网信息办公室发布的，从 2020 年 3 月 1 日起施行的《网络信息内容生态治理规定》第七条规定：网络信息内容生产者应当采取措施，防范和抵制制作、复制、发布含有下列内容的不良信息：1. 使用夸张标题，内容与标题严重不符的；2. 炒作绯闻、丑闻、劣迹等的；3. 不当评述自然灾害、重大事故等灾难的；4. 带有性暗示、性挑逗等易使人产生性联想的；5. 展现血腥、惊悚、残忍等致人身心不适的；6. 煽动人群歧视、地域歧视等的；7. 宣扬低俗、庸俗、媚俗内容的；8. 可能引发未成年人模仿不安全行为和违反社会公德行为、诱导未成年人不良嗜好等的；9. 其他对网络生态造成不良影响的内容。随着自媒体的崛起，网络信息传播失范现象也日益突出。很多网络信息失范行为仅靠法律的威慑力和行政管理的威严进行治理是不够的，更多的时候要靠全体信息传播者和网站运营者道德自律来约束。加强对网民的信息传播道德教育，使之成为公民道德教育的一个重要部分。当所有网民享有网络空间自由的同时，自觉约束其行为，不损害他人正当利益和公共利益，网络治理就会达到新的境界。

二　网络道德失范的法律应对

著名法学家孟德斯鸠指出："如果一个公民能够做法律所禁止的事情，他就不再有自由了，因为其他人也同样有这个权利。"② 完善立法、加强网络道德规范建设，严格执法，用法律来规范广大网民的网上行为，也是促进网络社会健康发展的重要措施和保障。虽然道德与法律具有一定的界限，但道德往往是法律的基础，法律则是最低限度的道德。我们首先

---

① 亚当·斯密:《道德情操论》，商务印书馆 1997 年版，第 263 页。

② 孟德斯鸠:《论法的精神》，张雁深译，商务印书馆 1982 年版，第 154 页。

要在思想观念上加以重视，要认识到网络社会不是真空地带，也是受法律法规的制约。其次要建立健全网络立法。在立法环节，"要把实践中广泛认同、较为成熟、操作性强的道德要求及时上升为法律规范，引导全社会崇德向善"，① 网络空间不仅是一个道德空间，同时也是一个法治空间。离开了法律的规范，网络道德规范就失去了坚强后盾。

为确保网络的畅通和健康发展，世界各国都制定了相应的法律法规。为顺应网络时代发展需要，我国 1997 年修订的刑法中首次针对计算机犯罪作出了明确规定。2003 年，我国又颁布了《互联网文化管理暂行规定》。近年来，我国政府先后颁布了《计算机信息系统安全保护条例》《互联网信息服务管理办法》《互联网电子公告服务管理规定》《计算机软件保护条例》《互联网站从事登载新闻业务管理暂行规定》等法律法规。国家互联网信息办公室发布了《网络信息内容生态治理规定》，这意味着我国网络社会向着法治化与规范化的方向迈出了重要一步。

但是，随着网络技术的发展与普及，网络违法与犯罪的情形日益严重和多样，与此同时，我国诸多有关网络空间的立法尚处于空白状态，一些现存的网络法律规范则与法治化要求相差甚远，网络立法主体的层级有待进一步提高、调整范围有待进一步扩大、操作性有待进一步加强。我国还需要进一步加强网络执法。天下之事不难于立法，而难于法之必行。严格执法是保证网络安全、防止网络道德失范行为发生的重要保障。这就需要建立一支精通业务的网络执法队伍，有效防止和打击网络违法犯罪行为，为网络道德的良性运行奠定扎实的基础。另外，要培养公众的网络法律意识。积极引导网民学习和遵守网络法规，在法律允许的范围内使用网络工具和网络信息。

三 网络道德失范的技术应对

加大技术开发和利用力度也是约束网络道德失范行为的有效方式之一。我们需要继续加强大数据、算法和人工智能技术手段的应用。一方面，利用算法技术来测量和分析网络信息的发布、传播全过程，实现信息渠道的监管，一旦发现危害性信息，则自动将其屏蔽并删除；运用网络传播工具控制网络的即时通信，这就要求传播工具设计者在工具功能设置上

---

① 《习近平谈治国理政》第 2 卷，外文出版社 2017 年版，第 134 页。

具有道德价值导向；基于网络社区传播的集聚性，利用自然语言语义处理技术和观点技术分析网络舆情；利用信息通信技术研究多样的微博主题，建立采集、加工、发布等网络研判平台。另一方面，要利用网络技术维护网络安全。基于云计算技术，建立网络安全的"大脑"型管理，同时启动新技术，支持网络评论员制、后台实名制、管理员删帖制、网络警察制、网民举报制等一系列网络技术应用，保证网络安全有序进行。

四　网络道德失范的舆情应对

网络失范行为在一定程度上会引发网络舆情的发生，网络舆情是网民对现实社会现象、问题所表达的信念、情感、态度、意见的集合。加强网络舆情管理，能够有效预防、化解、调节网络道德失范行为。一方面，注重网络媒体平台的舆论引导。在引导网民对焦点热点问题表达意愿、发表观点方面，"主流媒体应充分发挥令人信赖的品牌优势与权威性，成网络第一新闻源"①，时刻掌握思想引领，牵引社会舆情走向。另一方面，重视了解网民网意。通过网络平台互动，及时回应大众关切，从而防止一些道德失范行为诱发的网络舆情事件，维护网络清朗空间安全。

五　网络道德失范的文化应对

从根本上防范、治理网络道德失范，离不开先进性的网络文化的培育。首先，要以社会主义核心价值观为引领，培育人们在网络交往中的主流价值情感，使青年学生不断吸取先进文化养分并成为社会主义核心价值观的践行者、传播者。其次，建设网络文化平台，以习近平新时代中国特色社会主义思想为指引，办好网上党校、在线道德讲堂、红色网站等，以此讲好中国故事，传播中国好声音，宣传中华优秀传统文化。再次，发挥好社会主流媒体的文化引领作用，如人民网、央视网、光明报客户端、各地方政府媒体平台。及时传播有责任、有高度、有情怀的信息资讯。公共网络媒体传播的信息资讯须真实，传播真、善、美的网络公共文化，为良好的网络道德建设提供文化支撑。

---

① 曹天航：《主流意识形态视域下网络道德建构的范式探究》，《苏州大学学报》（哲学社会科学版）2017年第5期。

六　网络道德失范的实践应对

增加青年学生的道德实践机会，培养学生道德认知和道德判断一致性。一味地灌输既不是一种教授道德的方式，也不是一种道德的教育方式。注重知行合一，在实践活动中升华道德认同达到知行合一是我国教育学家们大力推崇的一种德育方式。一切的认知最终需要转化到改造社会和自然的实践中来，从这个层面来说，实践对事物的前进发展具有非常重要的能动性。网络道德认同是否能够深入，达到质的突破需要时间和空间的积淀。而精神层面的认知在哲学维度上要实现质的改变，从感性层面上升到理性层面，实现认知层面的第二次飞跃，需要实践活动等来内化。线上的网络实践活动、线上道德训练、线上网络行为学习等都是较好的实践过程，促使网络道德认知内化的过程，有效防止网络道德失范行为的发生。

第三节　青年学生网络道德养成教育

一　网络道德养成概述

网络道德养成是人的全面发展的必然要求和组成部分。马克思认为一切社会的发展最终都要实现人的全面发展，他在《德意志意识形态》中系统地提出了"人的全面发展"理论，并强调实现"人的全面发展"都要与其他人的全面发展紧密关联、互为条件，也就是说获得全面发展的人仍然处在一定的社会关系中。网络道德的养成也正是在人的社会关系的实践中逐步建立的，调节和平衡人在社会实践中的产生的各种社会关系。道德是人全面发展的重要方面，缺少了这个方面人就称不上真正的发展，更谈不上真正的全面发展。马克思认为道德的发展与社会的发展是相对称的并行发展，在《德意志意识形态》中指出个人怎样表现自己的生活，这同他们的生产是一致的——既和他们生产什么一致，又和他们怎样生产一致。因而，个人是什么样的，这取决于他们进行生产的物质条件。也就是说人所建立的道德规范取决于他们所在的社会发展，不同的社会生产和社会关系下，就会产生相应的社会道德要求。随着网络社会的发展，我们呼唤网络道德养成，从而作用于人的道德发展及全面发展。

《吕氏春秋》中有"养成之者，人也"的说法，认为德性的形成需要人后天的培养。习近平总书记在党的十九大报告中强调："人民有信仰，国家有力量，民族有希望，要提高人民思想觉悟、道德水准、文明素养，提高全社会文明程度。"道德的养成强调人作为道德价值观形成的主体要与外部环境进行交往和实践。西方哲学有着人本主义的传统，认为道德形成过程中主体作用的发挥非常重要，人的生存性、发展性的需要对道德形成产生推动力。杜威强调人的主体性意义，认为个体的发展本身就是教育的目的，教育的目标只是作为导向和指引。在人的道德教育中，他反对灌输式的教育方法，主张创造充分的条件让学习者在生活实践中获得学习的经验，积极发挥学习者的主体作用。青年学生的道德水平关系到青年学生的健康成长，关系到中华民族的整体素质。道德教育重在养成。

二　青年学生网络道德养成教育的要点

（一）要尊重主体性

青年学生网络道德养成教育的主体是青年学生，这就需要尊重青年学生的特点，培养青年学生在网络道德养成教育过程中独立思考、自主选择、自我教育的能力，充分激发青年学生的主观能动性，促进其网络道德思维和能力的全面发展。在道德养成教育的过程中注重给予他们独立思考、自主发展的空间，满足他们自我教育、自我管理、自我超越的需求，承认和尊重个体差异，让其个性充分发展。"真正把学生的生存发展、幸福生活作为教育目的。"① 尊重网络道德养成教育的主体性，就是要使网络道德养成教育成为青年学生自愿参加，获得道德修养提升的途径。

（二）要坚持持续性

青年学生网络道德养成教育是一种持续性的教育，绝不是一朝一夕可见效的，它需要长期积累、反复训练、循序渐进、持之以恒的过程。也绝非仅一两门德育课程就能承载的重任。网络道德养成教育在青年学生教育教学过程中应分层、分阶段进行，网络道德知识、网络道德能力、网络道德实践贯穿其中，持续进行。

（三）要看到动态性

随着网络时代的迅猛发展，网络道德的要求内涵和外延也在不断发生

① 彭红艳：《基于道德主体能力培养的大学生道德教育创新论析》，《思想理论教育导刊》2017 年第 5 期。

变化，呈动态发展的过程。对青年学生进行道德养成教育要主动掌握网络道德发展的规律和要求，结合网络社会道德热点问题，根据网络社会道德要求和未来网络实践的需要对道德养成教育的内容进行精准把握，灵活地开展网络道德养成教育。

（四）要具有时代性

经过长期努力，中国特色社会主义进入了新时期，这是我国发展新的历史方位。从社会主要矛盾看，我国社会主要矛盾已经由人民日益增长的物质文化需要同落后的社会生产之间的矛盾，转化为人民日益增长的美好生活需要和不平衡不充分的发展之间的矛盾。中国特色社会主义道路、理论、制度、文化不断发展，取得了历史性伟大成就，中国在国际上的地位日益提高，中华民族的文化自信不断得到加强。青年学生在坚定中国特色社会主义文化自信的过程当中，道德认知、道德自信、道德素养也要得到加强和提升，尤其随着 5G 时代的到来，网络道德素养更需融入新时代的挑战和考验当中。

三　青年学生网络道德养成教育途径

网络道德养成主要从网络道德需要、网络道德人格、网络道德体验入手，加以思想引导、心理辅导、舆论宣传等方式。这种网德教育方式能够激发个体的主体能动性和创造性，从而赋予网德教育更多的人文关怀、价值意义。青年时期是道德价值观形成的关键时期，此时他们的世界观尚未定型，受传统文化熏陶少，容易接受新事物。如果把青年学生当作一种"美德袋"，让他们接受单一化的教育，接受纯品德的灌输，没有道德情感的体验，明显是不合时宜的，会使他们丧失自我判断、自我选择、自我教育的机会。网络道德养成教育要走出"知识性"泥潭，回归生活实践世界。

（一）以社会主义核心价值观为引领

党的十八大提出，积极培育和践行社会主义核心价值观，倡导富强、民主、文明、和谐，倡导自由、平等、公正、法治，倡导爱国、敬业、诚信、友善。这"三个倡导"24 个字，凝练概括了国家的价值目标、社会的价值取向和公民的价值准则，反映了中国特色社会主义的本质要求，继承了中华文化的优秀传统，吸收了人类道德文明的共同成果。社会主义核心价值观是兴国之魂，是全国人民根本利益的集中体现，是全体中华儿女团结奋斗的共同思想道德基础，必须注重培育和践行社会主义核心价值观。对此，习近平总书记强调："要在全社会大力弘扬和践行社会主义核心价值观，使之像空气一样无处不在、无时不有，成为全体人民的共同价值追求，成为我们生而为中国人的独特精神支柱，成为百姓日用而不觉的行为准则。"① 把培育和践行社会主义核心价值观融入国民教育全过程，这是对我国教育界的一个总体要求，对培养合格的社会主义建设者和接班人，为引领青年学生建设良好的网络道德指明了方向，具有十分重要的历史意义和现实意义。

网络社会同样需要社会主义核心价值观的熏陶和滋养，做好网络舆论引导，在全社会倡导良好的网络舆论氛围，坚持以社会主义核心价值观引领舆论导向，使社会主义核心价值观外化为网民的自觉行动，内化为网民的精神追求，成为青年学生日常网络学习工作生活的基本遵循和自觉奉行的信念理念和情感认同。教育引导青年学生珍惜青春时光、树立远大理想，把主要时间和精力放在求知问学上，把个人价值的实现融入对社会与国家的贡献中。在接受社会主义核心价值观的同时让个人梦和中国梦结合在一起，以青春的奋斗姿态迎接新时代的网络社会发展的机遇和挑战。

（二）弘扬网络社会"正能量"凝聚力量

网络社会也有正能量存在，正能量是一种积极向上、催人奋进的动力和情感。大力弘扬网络社会正能量有助于维护网络社会文明进步，在全网形成知荣辱、讲正气、作奉献、促和谐的良好风尚。通过网络各大媒介平台积极传播有利于社会稳定和发展的、带给网民共鸣和幸福感的新闻信息，给青年学生带来更加理性、乐观向上的情感体验，从而引导他们形成良好网络道德品质，促进网络社会的健康发展。

（三）家庭、学校、社会形成合力营造良好的网络环境

习近平总书记在党的十九大报告中强调，人民有信仰，民族有希望，国家有力量，民族有希望，要提高人民思想觉悟、道德水准、文明素养，提高全社会文明程度。学校、家庭、社会三位一体，要形成教育的合力，构建多层次、科学有效的网络道德教育体系，共同助力青年学生网络道德的养成，为构建和谐社会贡献力量。

作为父母要积极转变教育理念。父母不仅要做网络道德观念的传播

---

① 《十八大以来重要文献选编（中）》，中央文献出版社 2016 年版，第 134 页。

者，也要做网络道德行为的示范者。父母要正确处理网络与网络道德的关系。另外，父母在进行网络道德教育的同时要考虑到青年学生的个体差异，正确认识不同年龄阶段、不同个性特点的差异，做到因材施教。现在是一个无网不入的时代，父母不能因为害怕孩子沉迷网络游戏、浏览黄色网站而禁止孩子接触网络，而是要注意如何教育引导青年学生正确使用网络，培养青年学生自我控制和约束的能力。在教育过程中，父母还要注意教育的方式。当发现青年学生有网络行为失范时，不能简单粗暴地制止和批评，要动之以情，晓之以理，让青年学生主动认识到网络失范行为所带来的危害及后果。

作为学校，要自觉承担起青年学生网络道德养成的教育职责，不断加强青年学生网络道德养成教育的探索。迈克尔·奥克肖特曾经说过："道德生活的每一种形式都……取决于道德教育。"教育不仅反映着每一种形式的特征，而且是培养和维持这种形式的必要条件。[1] 通过学校教育，帮助青年学生提高网络道德认识，陶冶道德情操，锻炼道德意志，树立道德信念，养成良好的网络道德习惯。赫尔巴特认为："巨大的道德力量是获得广阔视野的结果，而且又是完整的不可分割的思想群活动的结果。"[2] 学校开展网络道德教育应摒弃沿用现实社会道德教育的传统模式，原先的做法针对性和灵活性不够，所表现出来的教育力度和效度不尽如人意。网络社会的"去中心化""平等性"等特点，要求教育双方主体地位的平等和教育方法的创新。单纯的课堂灌输已经无法满足青年学生网络道德的需求。

首先，学校应大力开设网络道德养成教育相关的课程。知识是发展网络道德的重要基础，它和网络道德具有紧密而又直接的联系，学习知识是获得网络道德的重要方法，是网络品德形成的前提。如开设信息道德课、道德教育讲堂等。采用多样的网络道德教育教学方法，改变以课堂灌输、说理教育为主的教育模式，转向阅读经典、案例教学、视频教学、专家讲座、自省论文、榜样示范等，其中一个重要特点就是重视真实教育，即从网络社会真实场景出发，让学生积极发现身边可能存在的网络道德问题，

---

[1] ［美］约瑟夫·P. 德马科、理查德·M. 福克斯：《现代世界伦理学新趋向》，石毓彬等译，中国青年出版社1990年版，第365页。

[2] ［德］赫尔巴特：《普通教育学·教育学讲授纲要》，人民教育出版社1989年版，第141页。

通过教学与实践让学生养成良好网络道德品质。其次，开展多种形式、多种主题的教育活动，围绕网络礼仪教育、网络诚信教育、网络安全教育开展主题班会、主题教育活动，让青年学生意识到网络失范行为带来的困扰和麻烦，培养学生强烈的道德情感。再次，加强学校网络文化阵地建设。将网络文化纳入校园文化建设的总体规划之中，不断将社会主义核心价值体系纳入其中，引导青年学生在网络中吸取营养、陶冶情操，从而对青年学生道德教育起到潜移默化的作用，形成良好的道德氛围。德里克·博克在其著作《大学与美国的未来》中表示，学校应考虑课堂外更大范围的环境营造，其中的重要环节就是要有明确规范禁止欺骗、作弊、偷盗、暴力行为、禁止自由言论等有违常规的行为，对学校内部的所有成员形成约束，凸显学校基本道德责任，强化道德行为习惯。① 再者，多组织青年学生参加社会实践活动，如参加网络文明公约宣传活动、走进社区、宣传网络道德的相关知识、参加网络道德文化项目比赛等既锻炼了青年学生的能力，又强化了青年学生网络道德认知。

　　社会要致力于道德养成教育环境的建设，使全社会公民树立起网络道德意识，建设积极向上的网络文化氛围。法安天下，德润人心，法治和德治在国家治理中是协同用力的，要坚持依法治国和以德治国相结合，法治和德治"两手都要抓、两手都要硬"。马克思认为人的道德的内在自觉性和自律是从外在制约性和他律转化而来的。因此，社会需要承担起监管的职能，做好网络文化引领。首先，要实现网络空间的依法治理，完善网络法律法规体系。政府要进一步建立和完善网络法律法规体系，加大网络的监管力度，对网络违法和网络不道德行为坚决予以制裁和处罚，使全社会公民树立起网络空间遵纪守法意识，共同建设清朗网络空间。其次，加大日常监管力度，进一步加大处罚力度，将网络使用纳入严格监管体系。对网络违法行为坚决予以制裁，使全社会公民树立起网络空间的遵纪守法意识。再次，营造积极向上的网络文化氛围，坚持正确的舆论导向，不唯流量论英雄。加强网络内容建设，以健康向上、丰富多彩的并对青年学生有吸引力的内容去占领网络阵地，重点从网络文化产品的生产入手，实行源头把关、严格审核、过程监控，对积极健康、体现社会主义道德价值观的主流文化产品应大力扶植、大力宣扬，抢占文化领域的道德制高点，不断

---

① Bok，D. C. Universities and the Future of America. Duke University Press. 1990.

满足青年学生精神文化需求，以此来引导网络道德行为水平和素养的提高。最后，要做好网络舆论引导，在全社会倡导良好的网络舆论氛围，要坚持以社会主义的核心价值观占据舆论阵地，提倡网络行业自律。网络行业的从业者、经营者要约束自己，接受社会方方面面的监督，树立正确的经营观。各级政府、媒体平台、非政府组织、企业和学校凝心聚力、协同推进。

第四节　青年学生网络道德心理教育

一　培养信息素养，提高网络道德认知

网络给现实世界秩序带来了前所未有的冲击，对青年学生的思想、行为和心理造成重大的影响。追求道德认知、道德情感、道德意志和道德行为四者的和谐、统一，应该成为青年学生网络道德心理教育的重要目标。

开展青年学生网络道德心理教育，首要任务是提高青年学生的网络道德认知，通过完善他们的网络道德认知体系来实现青年学生对网络世界的健康适应。而最基本的措施便是培养青年学生良好的信息素养，提高对网络世界混乱秩序的认知判断能力及对不良网络信息的免疫能力。一个具有信息素养的人，他能够认识到精确的和完整的信息是做出合理决策的基础，在综合提高青年学生信息素养的过程中，绝对不可忽视不良信息免疫力的提高，这是一项基础性工作。要使广大青年学生具有正确的人生观、价值观、甄别能力以及自控、自律和自我调节能力，还要注意预防青年学生盲目的信息崇拜。自觉抵御和消除垃圾信息及有害信息的干扰和侵蚀，在一定程度上就能减少对信息的滥用和误用，降低不良信息的影响程度。培养青年学生良好的信息素养，是纠正他们错误的道德认知的基本要求，提高不良信息免疫力则是强化效果的基本保证。要培养他们树立对信息的批判意识和选择意识，对信息中的真与伪、虚与实、良与莠进行正确的判断、评价和选择，使他们养成"思"的意识、"思"的习惯，从而提升道德认知水平。

二　倡导人文关怀，培育网络道德情感

道德情感常常是影响人们外在行为的内在原因，在一定程度上支配了

道德认知和道德行为。面对这来势汹汹的网络冲击潮，守住青年学生的情感堡垒，培养高尚的道德情操，培养青年学生对待网络和现实生活的积极的态度情感，是一项长期、艰巨的工作。虚拟的网络交往方式，沉迷网络游戏等，对青年学生情感的冲击还是很大的。而网络道德情感的缺失恰恰是许多网络道德失范行为产生的原因之一。倡导人文关怀的德育理念，以青年学生的全面、自由发展为根本，关注他们基本的网络需要的满足和合法权利的维护，可以有效避免因为忽略他们的主体性而产生的网络道德情感变异，以此实现真、善、美的统一，为青年学生全面发展创造出和谐的空间。

三　培养网络契约精神，锤炼网络道德意志

青年学生对网络使用不当对其意志品质会带来一定程度的消解和耗损，会使得传统德育构建的意志力防御阵线失去自我防护功能。实现外在约束与内在自律的结合，是培养和健全青年学生网络道德意志体系的新尝试。[①] 现代传播学认为，网络作为一种媒介本身具有一种麻醉功能，容易使人忘记自己的社会角色而做出一些平时不可能做出的违反道德的行为。为此，在青年学生群体中建立上网契约，便是一种把网络道德教育与网络法制教育结合起来，既发挥道德约束力，又强化法律约束力的重要措施。契约是一种建立在人与人之间、人与社会之间，对履行承诺、践行职责具有法律力量的道德约束形式。在青年学生中间建立契约关系是一种新型的教育方式，能使青年学生自觉认识到同时作为网络世界的主体和客体，自己有义务维护网络世界的清朗和网络秩序，从而引导青年学生自觉遵守网络道德规范，自觉履行网络职责，文明上网。

---

① 廖传景：《青少年网络德育新视角：网络道德心理教育》，《哈尔滨学院学报》2005年第4期。

第九章

青年学生网络道德训练

网络道德教育的基本任务是培养和训练人们养成网络道德认知、网络道德判断力和网络道德行动力。概言之，就是要培养人们树立正确的道德价值观，训练人们的网络道德判断力，培养人们践履权责，训练人们的网络道德行动力。对此，一方面，可以通过长期的道德教育如学校家庭等途径加以培育；另一方面，有必要通过构建网络道德动机、情感、能力、决策四大训练体系，进行有针对性的训练，通过网络道德训练以达到短期内提升青年学生的道德素养能力的目标。

第一节　网络道德训练概述

一　网络道德训练的定义

青年学生网络道德教育涉及内外两方面因素，即青年学生个体的道德修养、道德学习等内在因素和道德训练、社会约束等外在因素。这两方面因素共同影响着青年学生的网络道德形成，决定着青年学生网络道德水平。因此，可从网络道德训练和网络道德养成两方面探索青年学生网络道德教育的方法路径。网络道德训练和网络道德养成两者之间相互联系、相互影响，二者共同构成了青年学生网络道德教育的基本方式。

训练其实是一种古老的教育方式，早期的道德教育理论讨论的主要就是儿童的道德训练问题。亚里士多德对德性进行划分，在此基础上将学和教的理论大大推进了一步。他把学分为两类：第一类是学知识，第二类是学技能和学美德。与此相应，他把教也分为两类：第一类是口授式教，第二类是训练式教。通过口授式教可以学到知识，却学不到技能或美德，技能和美德主要通过训练式教获得。西方道德教育最重要的培养内容是道德能力。国外学者普遍认为道德能力的提升可以帮助道德决策实现科学和合理化。

二　网络道德训练的范式

针对提升青年学生的道德能力，可以建构一系列的道德训练方案，主要包括三种训练范式。

一是基于道德规则的道德教育（rule-based ethics education）。其出发点在于，通过对原理性的道德理论，如责任、权利与公正的功利论或者道义论的传授来促进个体的道德思辨能力。其缺点在于，这一训练方式忽略了美德、关爱和话语道德学等方面的训练。

二是道德敏感性训练（moral sensitivity training program）。个体在特定的道德情景中，当他对道德规范或者相关的内容进行观察时，这种观察的感觉就是道德敏感性。当一个人能够有着较高的移情能力，能够在某一行为中表现出强烈的道德评价或者行为时，往往是因为他具有较高的道德敏感性（Rest，1986）。有研究指出，道德敏感性往往可以左右道德决策的作用。只有当个体对一个问题有了道德方面的认识，随后才能运用道德法则并进行道德决策，因此 Narvaez 和 Bock 设计了道德敏感性训练方案，来探究是否能够通过训练青年学生的道德敏感性来提高他们的道德能力。近年来，美国道德心理学家纳瓦茨提出培养道德敏感性的综合方案，涉及情绪能力、跨文化视角、积极关系、觉察并回应多样性、包容力培养、解读事件情境感知道德、多元沟通等内容。

三是道德思维能力（moral thinking）的训练。这一范式以 Kolberg 的道德发展阶段论为基础，认为道德思维能力是个体进行道德决策的基础，提升个体的道德思维能力才能够优化他们的道德决策。这一范式主要是通过对道德困境进行道德辩论，例如海因茨偷药困境的辩论来促进个体的道德思维能力，达到优化他们道德决策的目的。

已有道德训练研究主要强调了道德能力在道德决策中的作用，忽略了道德动机对道德决策的影响。事实上，除了道德能力，道德动机也会对道德行为产生作用，而且道德动机在其中发挥的作用甚至比道德能力更大。具备特定的道德推理能力的个体如果缺乏对道德问题的卷入，那么他们很可能并不会将这些抽象的道德法则应用于具体的道德决策中。也有研究者提出智力训练的中心问题是"我们怎样知道"；而道德训练的中心问题是"我们怎样做"。① 黄向阳（2000）提出"美德像技能那样，不能单独通过讲述来教，但能通过榜样示范和批评性指导下的实践来教"②。已有的道德训练研究重点也是大多关注现实社会道德建设，对于网络社会道德建设该如何构建、该如何避免网络道德失范行为的发生研究甚少。

第二节　青年学生网络道德动机训练

一　网络道德动机训练概述

网络道德动机训练就是从不同角度和不同方面对青年学生进行不断的自我意识体认、领悟、拓展和提升的强化训练，从而促进青年学生自主地实现和遵守网络道德行为规范。

网络道德动机训练可以分成三步。第一步是自我体认，包括网络社会中的自我经验体认和自我情感体认，并在这种真实的自我体认中去真诚领悟自我的经验和情感，这是起点。第二步是自我发现，自我发现就是在自我体认与领悟的基础上，尝试去发现在网络社会里自我潜能、自我思想和智慧。第三步就是自我拓展。具体地讲，就是在网络社会里对网络道德认知、思维、方法等进行不断自我完善。

二　网络道德动机的训练方式

（一）领悟训练

采用网络道德宣讲会、道德楷模现身示范、网络道德主题班会、网络道德讨论会等形式，通过线上和线下的结合，营造浓厚的网络道德认知领悟氛围，尤其注重推出网络道德宣传阵地，如建立网德训练营微信公众号、微博、抖音等媒体平台进行宣传，即时推送一些网络道德小故事、网络道德实践感悟等，要求青年学生收听收看。网络道德讨论法（moral discussion approach）主要是通过引导学生就道德两难问题进行讨论，诱发

---

① 鲁珂、蒋梦麟：《德育思想及其在北京大学的实践》，硕士学位论文，华中科技大学，2016年。

② 黄向阳：《德育原理》，华东师范大学出版社2000年版，第73页。

认知冲突，促进积极的道德思维，从而促进道德判断的发展。①

（二）移情训练

亚当·斯密在《道德情操论》中所说："旁观者的同情心必定完全基于这样一种想法：如果自己陷入同样不幸的境地而又能用正常的理智和判断力去思考（这种情况是不可能的），自己会是什么感觉。"② 可见，由道德认知到道德行动之路上，道德移情占据重要的地位。麦克菲尔在《中学的道德教育》著作中指出，进行道德教育若企图不通过"情境"，不通过现实的和具体的方式都会失败。因为那样做脱离了个体经验，而个体经验是一个中介，只有通过这个中介，道德问题才能被体察和领悟。在这个训练当中，通过建立特定的网络道德实施情景，让青年学生直接参与角色扮演，通过听、说、做的方法来实现道德体验。其中，"听"主要通过听故事的方法对情感动机进行牵引；"说"是引导青年学生讲网络道德故事，树立道德榜样，让个体感受道德动机，即运用榜样的力量，来引导人们遵守网络道德。班杜拉（A. Bandura）认为儿童通过观察他们生活中重要人物的行为而学得社会行为，这些观察结果以心理表象或其他符合表征的形式储存在大脑中，来帮助他们模仿。而儿童观察的这些重要人物就是榜样，人们需要从榜样身上模仿到个体认知结构所认可的行为符号；"做"则是通过创设网络道德事件情境让学员参与其中，使个体进一步产生情感体验和共鸣。做移情训练时可以在线分成群组，如创设网络情境，就"'大 V'发布的一条信息该不该转？""可不可以人肉搜索？"等话题进行讨论，通过扮演网络道德事件中的角色让青年学生迅速体验到高水平的道德情感，从而提升青年学生的道德认同。

（三）案例教学

这是道德训练最广泛的方法之一，体现真实教育的理念，能够带给青年学生震动、思考和反省。一般而言有三类案例：正面案例，列举成功的网络道德行为；负面案例，让青年学生了解网络道德失范行为带来的后果；给予一些网络道德困境的案例，激发青年学生参与意识，为其将来遇到类似情况做好准备。

---

① 刘彦尊：《道德认知发展教育理论观照下的信息伦理教育研究》，《外国教育研究》2009年第 4 期。

② ［英］亚当·斯密：《道德情操论》，王秀莉译，上海三联书店 2008 年版，第 9 页。

　　案例教学示例如下：新冠肺炎疫情发生以来，网络上各种言论消息呈爆炸式增长，真假信息混杂，其中有关"抽烟喝酒可以预防感染新冠肺炎病毒"的言论瞬间引爆网络，人们纷纷效仿，甚至出现香烟和酒卖断货的情景。这条消息发布后经官方证实为网络谣言、虚假信息，抽烟喝酒并不能杀死病毒，只会对身体带来危害。在进行案例教学时可以引导青年学生从以下四个方面审视案例：①合法性：事件本身是否已触犯法律规定；②群体共识：事件本身是否违反发布信息、发表言论的相关规范、守则、规则等；③道德判断：依据自身的专业知识及价值观判断事件的合理性，并以诚实、正直的态度审视事件；④舆论测试：通过对事件进行上述审视后，是否会引起负面的公众舆论。上述"四步分析法"的目的是让青年学生在讨论案例的过程中厘清网络谣言的性质和所带来的后果。

　　总之，通过案例教学，能提升青年学生网络道德对话能力，即经由某些概念到推理再到体验网络道德行为的能力；对具体案例的分析，能锻炼青年学生抓住问题和构建网络道德失范行为解决方案的能力，能给他们提供发展网络道德洞察力或练习网络道德想象力的机会。

　　（四）自省训练

　　道德自省是自我剖析的理性思维活动，它以个体已具有的自我意识为前提，以道德知识为基础，以已确立的道德价值目标为指南，调动自身情感与意志，对自己现在及过去的行为与动机进行道德判断，对判断结果中的过失行为和不良动机进行自我知觉、自我再认（自我再认是指通过对过失行为原因和动机的分析积累道德经验，升华和提高道德认知）、自我体验、自我监督、自我纠正。[①]

　　道德自省作为自我德育的重要手段之一而备受重视，它在道德自我养成中扮演了极为重要的角色、起了不可替代的作用，是道德人格形成过程中的一种亟须具备的能力。道德自省是通过对网络道德事件的描述和写作来达到道德动机的内化。霍夫曼认为，内疚是个体实施了危害别人的行为或违反了道德准则，而产生良心上反省，对行为负有责任的一种负性体验。这种情感体验能激活个体潜在的思维和力量来专注于对过失的追悔和纠正。霍夫曼研究发现，内疚常常发生于不道德的或自私的行为之中，内

---

　　①　何丽青、陈勃：《唤醒道德自省潜能的途径分析》，《江西师范大学学报》（哲学社会科学版）2006 年第 4 期。

疚感一旦发生，即能采取补偿行为的动机力量。① 通过反省训练，可以充分唤醒道德主体的角色意识，使自己内在的道德需要启动自主、自觉、自愿的行为。

第三节　青年学生网络道德情感训练

一　网络道德情感训练概述

网络道德情感包括广义和狭义的区分。其中，广义的网络道德情感是指人们在网络社会生活中由一定的道德事件、现象所引起的情绪、心态或心境。而狭义的网络道德情感指在网络特定时刻或网络具体情境下对某一道德情感反映出来的体验或冲动。根据人们对体验对象的态度，可分为肯定的网络道德情感（如快乐、满意、高兴、送小红花、刷火箭等）和否定的网络道德情绪（如痛苦、不满、气愤、下线、关屏等）两大类。

培养健康、良好、稳定的网络道德情感，是网络道德教育和网德修养的重要内容之一。在网德的养成过程中，道德情感的培养和训练极其重要。亚里士多德强调德行不仅关涉人的行为，也涉及人的情感，在做事情过程中的情感同样重要。网德的培养不仅是要告诉我们什么事情是应该做的、值得做的，更加要关注道德情感的培养。网络道德不仅是正确行动的品质，也是正确情感的品质。皮萨罗在其情绪性道德判断的理论模型中指出情感在道德判断过程中起着重要作用。很多情感如内疚、羞耻、尴尬等被认为对网德价值观形成具有驱动作用。

在进行网络道德情感训练的过程中要增加青年学生之间的多元交流。以"情绪准备—情感感染—情感体验—情感升华"为环节进行道德情感训练，以道德情感体验与培养为目标，起到以情促行，知、情、行三者协调发展的效果。网络道德情感训练可以进行主题式的设计，如利用故事教学法彰显特定网络情境中的行动理念，改善网络交往，发展良好情感。利用角色扮演法提高移情想象能力，发展自然情感和真实情感，并通过认知网络道德规则，达到网络道德情感的陶冶作用。

---

① 曾钊新、李建华：《道德心理学》，中南大学出版社 2002 年版，第 86 页。

二　青年学生网络道德情感训练的方法和过程

（一）情感体谅

英国学者彼得·麦克菲尔（Peter Mcphail）将情感置于道德教育的中心地位，与其同事共同创立了体谅模式（The consideration model），旨在通过师生之间的平等交流，帮助学生尝试体谅他人的情绪和情感，学会关心他人。在训练的过程中可以给青年学生创设网络道德失范行为的场景，如遇到"人肉搜索"、网络暴力等，要求被试者想象自己就是那个被"人肉搜索"的人，其隐私被公告天下，并被网民们不断讨论，通过该情境引导青年学生进行设身处地的思考，说出他们的感受。

（二）情感激发

一些道德情感可以由网络道德情境直接引发。青年学生在已有的网络道德认知基础上，在情境的影响下产生了某种道德情绪，从而产生正确的网络道德价值观。例如，网络上看到有关新冠肺炎疫情死亡人数的报道，青年学生会产生同情怜悯之心；网络上的诈骗事件，会激发青年学生的愤怒不满之心。

（三）情感联想

主要是对青年学生的网络道德知识概念进行联想和升华。例如，促使青年学生对网络诚信联想到公平、正义之感等。经常形成联想和运用联想，可以增强情感的体验和表达。

第四节　青年学生网络道德能力训练

一　网络道德能力训练概述

道德思维能力（moral thinking ability）的训练以 Kolberg 的道德发展阶段论为基础。他认为道德思维能力是个体进行道德决策的基础，促进个体的道德思维能力才能够优化他们的道德决策。这一范式主要是通过对道德困境进行道德辩论，例如通过对"海因茨偷药困境"的辩论来促进个体的道德思维能力，达到优化他们道德决策的目的。

海因茨偷药困境是由心理学家劳伦斯·柯尔伯格受到皮亚杰的启发而设计的。这是一个虚构的故事：欧洲有个妇女患了癌症，生命垂危。医生认为只有本城有个药剂师新研制的药能治好她。配制这种药的成本为 200 元，但销售价却要 2000 元。病妇的丈夫海因茨到处借钱，可最终只凑得了 1000 元。海因茨恳求药剂师，他妻子快要死了，能否将药便宜点卖给他，或者允许他赊账。药剂师非但没答应，还说："我研制这种药，就是为了赚钱。"海因兹走投无路竟撬开商店的门，为妻子偷来了药。柯尔伯格询问被试："在这一情境中，海因茨应不应该趁着夜晚药房没人的时候撬门偷走这种救命药？为什么？"根据被试的答案及给出的解释，柯尔伯格据此分析了儿童道德判断所依据的准则及道德发展水平。柯尔伯格总结出了道德发展的三个水平、六个阶段理论。其中，三个水平分别是前习俗水平、习俗水平和后习俗水平，意味着一个人还没有接受社会习俗约束纯粹的自我中心阶段、接受了社会习俗约束并以此要求自己的阶段和已经超越了社会习俗要求既尊重自我也平等尊重每一个社会个体的阶段。

作为一种困境，我们很难对此简单地给出对与错的判断。但是我们可以据此了解人们的道德判断和决策过程。为此，后续研究者采用这类困境任务进行道德能力方面的训练，也取得了一些训练成效。

二 青年学生网络道德能力训练的方法

（一）思辨判断能力训练

思辨判断能力训练，即开展网络道德话题讨论会、辩论会等。如对网络人肉搜索、黑客攻击、网络诈骗等案例进行讨论和辩论，以达到对青年学生内心的震撼和道德认同的提升作用。

（二）实践能力训练

在朱熹的学说里有"故圣贤教人，必以穷理为先，而力行以终之"这样著名的论述。他认为道德训练的可靠方式是日常实践的积累，为了养成良好的道德，学习者应该在日常生活中练习、实践。不少学者也倡导道德教育社区教学法，其理念在于通过"践行道德"来习得道德，而不是进行虚拟的道德讨论，鼓励青年学生参与社区建设，提升道德判断能力。这类训练方法主要是通过道德实践促进道德发展。通过开展有实际意义的线下道德实践如志愿者服务活动，来培养个体的道德能力，从而反哺网络道德能力的养成。如开展环境保护、爱心支教、道德宣讲、帮扶孤寡老人、技术支持、赛会服务等活动能有效提升道德训练效果。在道德实践能力训练环节中尤其值得注意的是，在开展实践活动时应多和青年学生所学的专业结合，让他们在道德实践活动中既弘扬了道德精神，又发挥了所学的专业专长，一举多得，教育效果良好。

（三）评价能力训练

在网络道德实践当中，要将道德动机变成实际的道德行动，离不开具有推动作用的道德评价能力。因此，通过定性定量评价的方式对道德评价能力提升有着特殊的意义。定性评价可以采用主题讨论的方式进行，尤其是在青年学生使用网络过程中进行跟踪检测，对网络行为进行评估得出一个合理的评价。定量分析考量的是网络道德服务活动的时间、形式等，采集数据要求真实准确，杜绝滥竽充数者。除了个体评价，在道德评价中也使用他人评价。所谓个体评价，就是自己总结自己的行为，自己评价自己的实践。而他人评价是多方面的，包括青年学生相互之间的评价、网民之间的评价等。另外，在网络道德评价中，除了评价结果，还要看重过程。过程评价注重在网络道德实践服务活动过程中及时对青年学生进行评价，建立"评价—反馈—调节—实践"的机制，尤其注重及时把评价反馈给青年学生，以利其扬长避短。

第五节　青年学生网络道德决策训练

一　网络道德决策训练概述

网络道德决策训练类似于网络道德能力训练。区别在于，网络道德能力聚焦分析个体进行道德判断的道德理论，而网络道德决策则聚焦个体的道德决策过程。

道德决策是一个非常广泛的概念。关于道德决策目前还没有非常清晰的定义，但有研究者尝试从不同的角度对道德决策做出解释。Velasquez和 Rostankowski（1985）认为，道德行为是涉及利他或伤害他人的行为，而道德决策就是道德行为产生的心理机制。Jones（1991）则认为，道德决策是在社会道德规范的制约下，决策主体识别和判断道德问题然后采取行动的过程。国内有研究者则认为道德决策是个体在面对多种不同程度的善恶和道德选择时所做出的最后决断（钟毅平，占有龙，李琾，范伟，2017；朱贻庭，2013）。总结以往研究者的观点，道德决策指的是决策主体在面对特定道德情境时所做出的行为选择。

Rest（1986）提出了道德决策四阶段模型。该模型将道德决策分为四个相互独立而又前后联系的阶段，即发现道德问题、作出道德判断、产生道德意图和实施道德行为。该模型认为，道德决策始终处在个体的认知控制之下。Candee 和 Kohlberg（1987）提出的认知理论则进一步强调理性在道德判断和决策中的重要作用，认为道德推理是影响道德决策的最重要因素。

Jones（1991）在 Rest（1986）四阶段模型的基础上提出了权变模型（issue contingent model）。该模型以道德问题为导向，强调不同的道德问题具有一系列不同的特征如结果的影响范围、社会共识程度高低等，这些因素被统称为道德强度（moral intensity）。Jones（1991）认为，在作出道德决策时需要仔细考虑不同道德问题的道德强度。此外，其他研究者（Paxton & Greene，2010）也同样强调了道德推理对于道德决策的重要作用。

道德决策能力训练从道德决策过程出发，要求决策者考虑影响决策的各种可能因素，并由此作出相应的道德选择。

二　青年学生网络道德决策训练的方法

（一）采用"过程化"进行训练

该模式训练的关键是构建一个网络道德决策的过程，通过这一过程框架，能引导青年学生作出正确的道德决策。

第一，收集有关网络道德方面的案例情况。青年学生需要了解清楚案例中所包含的真实信息。在这一阶段，要求青年学生回答：这个案例的事实是什么？有能帮助解决这一问题的其他信息吗？有一些合法的处理方法吗？这些追问事实过程本身就揭示了某种网络道德义务或职责，弄清楚这些事实可以解决网络道德困境中的相关认知问题。

第二，对利益相关者进行分析。对于案例中涉及的所有相关者的利益，都要予以充分的考虑，即进行"利益相关者"分析。在分析利益相关者时，青年学生需要回答这样一些问题：谁在关注这一案例？他们是怎么看待这一案例的？他们有什么权利？他们负有什么义务和责任？这一行为对他们产生直接或间接的影响有哪些？

第三，锁定网络道德困境问题。这一阶段青年学生需清晰地理解案例所包含的网络道德困境的本质和冲突。在一个真实的网络道德问题中，思考存在冲突的道德困境，从而确定是哪些道德规则、标准和价值造成冲突。

第四，作出道德选择并进行分析。这一阶段鼓励青年学生想出至少三种选择以供参考。这些选择包括采取某个行动，还要涉及以哪种具体的方式来实施。

再者对于几种可能的道德选择，青年学生利用网络道德理论、规范进行更深入的探讨和分析。其中效果论和非效果论是对网络道德选择进行分析的两个主要理论依据。效果论关注一个行动可能产生的所有结果。青年学生不仅需要问一个具体的选择可能给所有的利益相关者带来哪些结果，还需要问这些结果实际发生的可能性。非效果论则关注与一个行动相关的网络道德原则和规范。青年学生也需要问：如果每个人都按照你的选择来解决问题，这样可行吗？如果你是其中的一个利益相关者，你愿意被怎样对待？你的行动应该符合哪些道德规范或原则呢？

第五，进行网络道德规范学习和交流。一方面，如果时间允许，青年学生可以通过阅读文献资料，如查阅相关的网络道德规范和论述进行自学；另一方面，应与其他人讨论，如跟有经验的导师、专家进行交流探讨，来寻求解决网络道德困境的帮助和指导。

第六，作出道德决策。综合考虑上述内容，青年学生需要做出一个"所有方面都被充分考虑"的道德决定，并要解释为什么这个选择比其他的选择更好。

第七，网络道德评价和跟踪。这个阶段青年学生不仅需要决定如何采取行动，还要在决定作出道德决策后如何进行评价和追踪，因为即使是一个被认为是十分合理的决定，也常常会产生一些意料之外的消极结果。这时候需要继续追问：如何能监测作出道德决策产生的持续后果？对于因道德决策产生的意外后果，如何进行弥补或修复？以后面对相似的网络道德困境，你会如何做？

利用这一"过程化"框架进行网络道德训练，给青年学生提供了更大程度的引导和帮助，能让青年学生感到他们在讨论学习交流的过程中获得了一些具体和有用的知识，这些知识将有助于他们处理真实的网络道德困境时作出正确的道德决策。可以确保许多相关的重要因素被充分考虑到，培养青年学生以一种更加客观的方式思考网络道德困境并作出正确的道德决策。

（二）采用"网络道德游戏"进行训练

青年这一阶段具有易沉迷于网络游戏的认知特点。游戏凭借其逼真的虚拟情境、精心设计的任务关卡等因素成功地吸引了众多青年学生玩家。针对这一特点，网络道德训练也可以尝试开发丰富的网络道德情境的游戏，通过设置不同的关卡让青年学生在游戏情境中作出网络道德决策，在网络道德行为中深化道德认知，体验道德情感，提升网络道德能力。

游戏以其娱乐性、虚拟性、沉浸性、互动性的特性，可以将枯燥的灌输式教育转向为具有体验性的道德场景教学。在游戏中，青年学生完成网络道德两难场景，青年学生在每个场景中扮演玩家角色，并且需要作出决策，根据青年学生在游戏中的决策预测他们对网络道德知识的掌握情况，根据评估结果为其推荐符合其能力水平的下一个道德决策场景，从而完成对青年学生道德决策的训练。

通过游戏化的学习情境能够为青年学生模拟和再现真实的网络道德场景，使青年学生能够突破时空的限制去建构知识，提升技能，体验网络道德决策后果，真正实现了知识学习、情感体验和行为培养三位一体的网络道德教育。

在实施"网络道德游戏"开发和应用过程中，融入网络道德知识点的道德困境场景的选择是关键，应遵循以下原则：选取的网络道德困境场景必须是真实的或者可信的；选取的情境必须且只包含两条网络道德规范；选取的两条网络道德规范必须在情境中发生不可避免的冲突。只有满足这些规则，选取的网络道德困境场景才能达到判断青年学生网络道德知识水平、提升其网络道德决策水平的目的。网络道德困境场景多种多样，可以是青年学生上网时发生的问题，比如"朋友圈里有人不断地刷屏和留言该如何应对""网络直播间总是出现垃圾信息该怎么办？"等；也可以是社会关注并争论的热点问题，比如"网络上能否下载一些音视频"等。

"网络道德游戏"训练可以按以下几个环节展开：指导游戏开发者进行脚本编写；游戏以道德两难困境为单位设计关卡；青年学生进行网络道德游戏；玩家角色与非玩家角色进行讨论交流；记录青年学生的网络道德决策行为作为评估判断个体道德知识掌握程度的依据；根据评估结果为其推荐符合其能力水平的下一个道德决策场景；进行道德决策反思和交流。

网络道德训练在网络道德建设过程的重要作用已经凸显。无论是在能力的提升，还是意志习惯的培养中，训练都是具有特殊作用和意义。因此，网络道德教育需要网络道德训练。当然，网络道德行为不可能一天两天养成，要在不断的训练中，激发网络道德行为的产生。就像科尔伯格所言，德育者才应该是德育的主体，这必须要他主动地进行道德实践和道德行为。网络道德教育不应该只停留在灌输道德的理念和规范层面上，而是要通过网络道德训练来培养青年学生判断是非、行为理智等方面的能力，从而让他们安全文明地驰骋网络。

第十章

青年学生在线道德训练方案及案例

对于青年学生的网络道德失范，一方面有必要通过加强法律法规建设、强化社会规范制约等手段为青年学生提供良好的网络环境；另一方面还需要通过思想道德教育、道德训练等方式提高青年学生的道德决策能力。我们针对青年学生的道德认知过程设计在线道德训练方案，提高青年学生的网络道德判断能力和道德决策能力，从而降低其网络道德失范的可能性。

第一节 在线道德训练的理论基础

一 道德发展理论

道德发展理论以科尔伯格的研究为代表。20 世纪 50 年代科尔伯格采用道德两难情境故事作为测验材料，分析和探究儿童、青年和成人道德推理能力的发展规律。其所使用的材料是那些让人们陷入左右为难、模棱两可的道德情境，如经典的海因茨偷药困境。面临这些情境时，人们需要先对两难情境进行分析和思考后才能做出谨慎的选择。科尔伯格感兴趣的并非人们做出了什么选择，而是他们做出选择的理由。

在系列研究的基础上，科尔伯格提出了人道德发展的三水平六阶段观点。其中，道德发展的三种水平包括前世俗水平、世俗水平、后世俗水平。道德发展的每种水平包括 2 个阶段，共构成了 6 个阶段，分别为惩罚与服从的定向阶段、手段性的相对主义的定向阶段、人与人之间的定向阶段、维护权威或秩序的道德定向阶段、社会契约的定向阶段、普遍的道德原则的定向阶段。

科尔伯格提出，应该将这种方法应用于道德教育之中。他认为，通过让人们在两难道德情境中接触略高于其发展水平的社会问题，参与讨论，理解道德原则和准则，提高其道德判断能力和推理能力。

二 道德相对主义和道德绝对主义

（一）道德相对主义

在道德思想史上道德相对主义（moral relativism）或伦理相对主义（ethical relativism）是一直存在的一种思想倾向。道德相对主义思想可以追溯到古希腊时期如普罗泰戈拉提出的"人是万物的尺度"，将人视为衡量世界万物的标准（其中万物包含着道德）。这实际否认了道德本身的客观性和普遍性，因为不同的人有着不同的道德标准。中国古代思想家如孟子提出的"男女授受不亲，礼也。嫂溺，援之以手"也强调道德规范并非在任何情况下都必须遵守（熊慧君，2008）。道德相对主义包含许多理论或流派，各个理论有不同的侧重点，这些理论的核心思想与道德相对主义相同。Williams（2012）对道德相对主义的观点进行总结，认为道德相对主义主要包括两个核心观点：首先，不存在普遍、客观的道德规范规定了某个行为是否合乎道德；其次，一个人的行为道德与否应该视其所属群体的道德规范而定。因此，所有的道德原则都是相对于特定的文化和个人的，没有普遍适用的道德规范（Pojman，1995）。

研究者（例如，Richard，2006）一般将道德相对主义按照道德类型标准划分为描述性相对主义（descriptive relativism）、元道德相对主义（meta-ethical moral relativism）和规范相对主义（normative relativism）。描述性相对主义认为人们对道德的立场或看法存在差异，对于同样的行为事实不同群体会做出各自的对错判断。元道德相对主义赞同描述性相对主义的观点，认为"道德"或"不道德"、"对"或"错"这样用于道德判断的词并没有标准的、明确的意义，这些词的含义与个人或特定群体的传统习俗、社会实践有关，道德在本质上并没有普遍、客观的标准。而规范相对主义认为道德的相对性不仅体现在人们观念或看法的差异上，还体现在不同群体中指导人们如何决策的行为规范的差异上，因此个体应该允许其他人按照自己或其所属群体的道德规范行动，不能强加干预。

此外，道德相对主义还存在其他的分类方式。首先，按照道德主体的不同，道德相对主义可以划分为个人相对主义和文化相对主义（例如，Beebe，2010）。其中，个人相对主义指判断一个行为正确与否完全取决于个人的道德观念。而文化相对主义指判断一个行为是否正确是由个体所处的特定文化所决定的，不同的社会和文化有不同的判断标准。其次，按照道德内容的不同，道德相对主义可以划分为知识论道德相对主义、本体论道德相对主义以及语义上的或规范的道德相对主义（例如，Torbjorn，2000）。再次，按照相对主义立场的极端程度，道德相对主义可以划分为极端的道德相对主义和温和的道德相对主义（Quintelier & Fessler，2012）。

此外，结果主义（consequentialism）也可以纳入道德相对主义的范畴。结果主义认为，一个行为道德与否完全取决于这个行为能否带来更好的结果，一个行为能带来更好的结果时该行为就是道德的，不存在固定的、绝对正确的道德规范（Darwall，2002）。结果主义的代表性理论是功利主义（utilitarianism）。该理论主张个体应该总是选择能够带来最大效益（utility）的决策，如能最大化快乐和幸福。对于功利主义者来说，衡量行为是否可接受的唯一标准是行为所带来的结果效益大小，而不是是否合乎道德规范（Mill，1998）。

道德相对主义的内涵广阔，对道德相对主义存在不同的理论解释。这些不同的理论虽然强调的重点存在差异，但均包含道德相对主义的两个核心观点：第一，道德或道德原则并不反映客观或普遍真理，道德的标准因人、文化和时空而异；第二，道德实践受到道德行为发生情境的影响，是否遵守某个原则完全取决于个人。由于道德相对主义强调行为是否道德取决于特定的文化、情境和个人观念，因此降低了个体的道德判断标准。已有研究发现，持有道德相对主义观念的人的道德评价标准更宽松，对他人做出的不道德行为接受程度更高（Quoidbach, Gino, Chakroff, Maddux, & Galinsky，2017）。受道德相对主义观念影响更深的人更可能做出不道德行为。Rai 和 Holyoak（2013）的研究用材料来启动被试不同的道德观念，被试被随机分为两组：道德相对主义观念组和道德绝对主义观念组。道德相对主义观念组的启动材料告知被试道德是主观的，不能用一种文化下的道德价值观去评价另一种文化下的某个行为；而道德绝对主义观念组的启动材料则告知被试道德价值观是普遍正确或错误的，可以用某个文化下的道德行为标准去衡量另一个文化中的行为。研究发现，相比于被启动了道德绝对主义的被试，那些被启动了道德相对主义的被试在随后的抽奖任务中做出了更多的欺骗行为。在工作场所中的研究也发现，那些持有道德相对主义态度的人更可能做出不道德的行为如误导顾客、偷窃公司财产等

（Kish-Gephart, Harrison, & Treviño, 2010）。

（二）道德绝对主义

与道德相对主义相反，道德绝对主义（moral absolutism）认为道德原则或道德观念是普遍的、客观的，独立于个人的观点之外并适用于所有的社会、文化和时代（Rai & Holyoak, 2013；张言亮和卢风, 2009）。道德绝对主义同样可以追溯到古希腊时期，如苏格拉底和柏拉图将"善"作为永恒不变的理念。

道德绝对主义可以划分为两种类型，一种被称为道德单元主义（moral singularism），该类型的理论认为仅存在一个道德原则，决定了所有情境中、所有行为的道德与否；另一种道德绝对主义则被称为道德多元主义（moral pluralism），该类型的理论认为存在一系列道德规范，决定了不同的行为是否道德（Rai & Holyoak, 2013）。道德单元主义的代表理论是康德的"绝对命令"。康德认为人的理性赋予了道德原则普遍有效性，个体应该总是按照"能成为普遍规律的准则去行动"。例如，当我们想要撒谎时，我们应当思考撒谎能否成为被他人普遍认可的行为准则，如果不能，那么就不能撒谎。康德的"绝对命令"实际上是一种道德义务论，即个体在任何情况下都应该遵守道德规范。康德在辨析"善意的谎言"这一论题时清晰地表达了他的道德义务论。在著名的《论出于仁慈而说谎的假想权利》一文中，康德强调即使说实话会导致另一个无辜者丧命，也应该坚持说实话。此外，美德道德（virtue ethics）也是一种道德单元理论，该理论认为行为是否符合美德的要求是判断行为是否道德的唯一标准，个体应该始终做美德所鼓励的事情，而不能做美德所禁止的事情（Anscombe, 1958）。道德多元主义的代表理论是道义论（deontological theories）。道义论主张个体应该始终按照道德规范的要求决策，判断行为是否道德的标准是该行为是否符合道德规范。这里的道德规范实际上是一系列道德规范的统称。Bernard（1988）提出了10条道义论规范，如不能杀人、不能欺骗、履行自己的诺言等。这些道德规范是普遍正确的，不同的道德规范规定了不同类型的行为是否道德。

虽然道德单元主义和道德多元主义在道德规范的意义和数量存在分歧，但这两种理论都认为存在跨文化和群体的普遍、客观的道德价值观或道德规范，并且强调个体在任何情况下都应遵守。道德相对主义或道德绝对主义观念会导致个体产生不同的道德行为标准，与道德相对主义观念的影响相反，有研究发现道德绝对主义观念可以使个体做出更多的亲社会行为，如 Young 和 Durwin（2012）的研究发现，与控制组相比，那些被启动了道德绝对主义观念的被试向慈善机构捐赠了更多的钱。

三　道德基础理论

早期的研究者认为道德仅包括公正和关怀两方面的内容（Kohlberg，1971；Gilligan，1982）。此后 Turiel（1983）对道德内容进行扩充，认为道德是"对人与人互动时所产生的公正、权利和福利等问题的规定性判断"。按照 Turiel 的定义，道德涉及公正（justice）、权利（rights）和人类福祉（welfare）三方面的内容，除此之外的价值观或规范都是非道德的，属于社会习俗（social convention）或只是个人选择（Turiel，Hildebrandt，& Wainryb，1991）。但是，Haidt 和 Joseph（2004）发现这种道德内容更符合西方社会，并不符合世界上其他地区的道德实践。例如，相比于欧美国家，在中国、日本等社会中的人们更重视群体层面的价值观，如对家庭的忠诚、对权威的尊敬等。因此，Haidt 和 Joseph（2004，2007）在总结前人研究的基础上提出了道德基础理论（moral foundation theory），认为道德主要包括六个由进化而来的、跨文化存在的心理系统或者基础，这六个道德基础分别是：关怀/伤害、公平/欺骗、忠诚/背叛、权威/服从、神圣/贬低以及自由/压迫。道德基础理论认为这六个道德基础所包含的内容就是人们所理解的道德，也是个体进行道德判断或决策的主要维度，一个行为若是违反了上述六个基础中的一个或多个，那么该行为就被判断为不道德行为。这六个道德基础的具体含义如下所示。

关怀/伤害（Care/harm）维度：该维度主要涉及向他人提供帮助或鼓励，或者避免对他人造成伤害等内容。这里的伤害包括多种类型，如情绪伤害、身体伤害、对动物的伤害等（Clifford，Iyengar，Cabeza，& Sinnott-Armstrong，2015）。

公平/欺骗（Fairness/cheating）维度：该维度主要包括发生在人际互动中的公平、公正以及尊重他人权利等规范或价值观。

忠诚/背叛（Loyalty/betrayal）维度：该维度主要涉及个体对自身所处群体的忠诚和偏爱，以及避免对群体的背叛等价值观或行为规范。所谓的忠诚意味着个体要将自己群体的利益放在个体利益之前，这样的群体包括家庭、国家、学校、公司等（Clifford，Iyengar，Cabeza，&

Sinnott-Armstrong，2015）。

权威/服从（Authority/submission）维度：该维度主要是指个体应对权威的人物和机构，或者社会传统等保持尊敬和顺从。权威的人物可以包括父母、法官、老师等，权威的机构包括警察局、法院等，社会传统是指社会上占主导性的习俗或节日等（Gladden & Cleator，2018）。

神圣/贬低（Sanctity/degradation）维度：该维度主要涉及与厌恶反应、宗教信仰有关的内容，比如亵渎圣经、乱伦、焚烧国旗等行为。

自由/压迫（Liberty/oppression）维度：该维度主要关注个体的自由（包括经济自由和生活方式的自由）和自主性（autonomy），涉及反对限制个人自由和试图掌控他人等规范（Iyer，Koleva，Graham，Ditto，& Haidt，2012）。然而，自由/压迫维度目前并未得到广泛验证，研究者经常引用的仍然是道德五基础理论。

在上述六个维度中，各个维度之间相互独立。此外，关怀/伤害维度和公平/欺骗维度被称为个体价值观（individualizing foundation），因为这两个维度都涉及抑制个体的自私和尊重他人权利的行为；忠诚/背叛、权威/服从以及神圣/贬低维度被称为联结性价值观或集体价值观（binding foundation），因为这几个维度都能够把个体与更大的群体联系在一起，从而促进群体的和谐发展（Graham，Haidt，& Nosek，2009）。

Haidt 和 Joseph（2007）的道德基础理论为我们解读各种道德行为提供了理论分析工具。例如，作弊违背了"公平/欺骗"基础，谋杀违反了"关怀/伤害"基础，乱伦涉及"神圣/贬低"基础。一些经典道德困境也可以采用该视角加以解读，如经典电车困境属于"关怀/伤害"这一道德领域。而人们在日常生活中面临的道德困境例如忠孝难以两全往往涉及不同道德基础之间的冲突。依照这一视角，可以将科尔伯格的海因茨偷药困境视为"关怀/伤害"和"公平/欺骗"两种道德基础之间的冲突。

四　道德动机模型

不同于 Hadit 等人（2012）从进化的角度提出的多元道德理论，Janoff-Bulman 和 Carnes（2013）从行为动机的角度揭示道德的内容。许多研究发现人的行为受到两大动机系统的调节。Thorndike（1911）发现人的行为主要受到来自奖赏刺激和惩罚刺激的驱动，Miller（1944）也发现学习行为受到喜好和厌恶两种动机的驱使。之后许多研究者验证了双调节系统（dual regulatory system）的存在。Gray（1982，1990）整理前人的研究，提出人的行为受到行为趋近系统（behavioral activation system，BAS）和行为抑制系统（behavioral inhibition system，BIS）的调节。其中，行为趋近系统是一个基于喜好的动机系统，与趋近性的行为相联系；而行为抑制系统是一个基于厌恶动机的系统，与回避性的行为相联系。Janoff-Bulman、Sheikh 和 Hepp（2009）认为在道德领域内双调节系统仍然驱动着人的行为。其中，禁止性系统（proscriptive system）基于行为禁止性动机，使人对消极的结果敏感，比如威胁和惩罚；描述性系统（prescriptive system）基于行为趋近动机，使人对积极的结果敏感，如奖赏、回报。在两种系统的调节下，产生了人们在生活中所遵循的两种相互独立的道德规范，Janoff-Bulman、Sheikh 和 Hepp（2009）称其为描述性道德（prescriptive morality）和禁止性道德（proscriptive morality）。描述性道德规定个体应该做什么（shoulds），涉及对他人提供帮助以缓解他人痛苦和促进他人福祉等行为。禁止性道德规定个体不能做什么（should nots），涉及避免对他人造成伤害等规范，这里的伤害包括伤害他人身体或信任等。

Janoff-Bulman、Sheikh 和 Hepp（2009）通过研究，总结了 14 种禁止性道德规范和 14 种描述性道德规范。其中，禁止性道德规范包括撒谎（lie）、滥交（sleep around）、偷窃（steal）、自私（be selfish）、故意伤害他人（intentionally）、歧视他人（discriminate against others）、酗酒（drink to excess）、懒惰（be lazy）、有操纵性的（be manipulative）、浪费（be wasteful）、欺骗（cheat）、吝啬（be mean）、有攻击性的（be aggressive/violet）、自负的（be conceited）；描述性道德规范包括友好的（be kind）、承认错误（admit mistakes）、慈善捐款（donate to charity）、存钱（save money）、诚实的（be honest）、忠诚的（be loyal/faithful）、努力工作（work hard）、公平地对待他人（treat others fairly）、支持其他人（stand up for others）、慷慨的（be generous）、帮助有需要的人（help others in need）、尊重他人（be respectful of others）、有同情心的（be caring/compassionate）、值得信任的（be trustworthy）。

Janoff-Bulman、Sheikh 和 Hepp（2009）的研究还发现，描述性道德和禁止性道德之间存在道德不对称性（moral asymmetry）。因为消极偏见（Negative Bias）的存在（Baumeister，Bratslavsky，Finkenauer，& Vohs，2001），人们对消极的结果或惩罚更加敏感。在道德判断中，坏结果招致的谴责往往多于好结果所能带来的赞誉（Leslie，Knobe，& Cohen，2006）。由于禁止性道德规范主要基于回避动机，强调不做坏事，与避免消极结果有关，因此禁止性道德规范具有更高的强制性和义务性，对他人遵守该规范的要求也更高。至于描述性道德规范，虽然人们提倡做好事，实际上更多将其当作一种与道德品质有关的个人选择，选择遵守描述性道德规范能够给个体带来更多道德信誉（Moral credit）。在道德评价时，人们对违反禁止性规范的人谴责程度更高，而对未遵守描述性规范的人评价却相对宽松。

　　Janoff-Bulman 和 Carnes（2013）随后将道德情境的影响纳入动机与个体行为之间关系的考虑中。Fiske、Gilbert 和 Lindzey（2010）认为道德情境包括个体（personal）、人际（interpersonal）和群体（collective）三种类型的情境。由于不同的情境存在不同的目标对象，Janoff-Bulman 和 Carnes（2013）认为个体在不同情境下基于相同动机做出的道德行为也存在差异，由此提出了整合趋避道德动机和道德情境的道德动机模型（Model of Moral Motives，MMM）。该模型有两行三列，行代表两种不同的动机调节方式，列代表不同的道德情境（见表10-1）。在个体情境中，禁止性道德规范是指通过抵御诱惑和拒绝不良行为来保护自己，如禁止酗酒等；而描述性道德规范指通过积极工作得到自我的提升或完善自身等。在人际情境中，禁止性道德规范主要关注在人际互动中避免对他人造成伤害，而描述性规范则涉及向他人提供帮助、增进另一个人的福祉等行为。在群体情境中，禁止性道德规范规定个体应保护群体远离危险和威胁，维护群体的稳定和秩序；描述性规范则提倡能够促进群体福祉的行为。Janoff-Bulman 和 Carnes（2013）认为，群体的正义来自个人层面的公正，实现群体的正义需要立足于群体内的个体，同时又声称社会正义不是个人范围的道德考虑。

表 10-1　　　　　　　　　　　道德动机模型

	自我（个体）	人际	群体
禁止性动机	自我限制	不伤害	社会秩序
描述性动机	勤勉	帮助他人/公平	社会正义

　　Janoff-Bulman 和 Carnes（2013）提出的道德动机模型基本涵盖了道德六基础模型的内容。在道德动机模型中，人际情境下的道德内容基本相

当于道德基础理论中的个体价值观，而群体情境下的道德内容则囊括了道德基础理论所提到的三种联结性价值观。但道德动机模型与道德基础理论不同的地方在于道德动机模型强调了情境对于道德行为的影响。

五　成对道德理论

成对道德理论（theory of dyadic morality，TDM）认为，道德本质上是基于一种认知的模板，道德基础理论的六个基础可以统合到一种模板中，个体根据该模板的规则进行道德判断（Gray，Young，& Waytz，2012）。由此，成对道德理论试图从复杂多样的道德或不道德行为中抽象出关键因素来构建一种统一的认知模板，用以解释道德判断的本质，同时作为理解道德世界运作模式的框架（Baldwin，1992；Craik，1967）。

成对道德理论近年来逐渐成为道德心理学的主导理论（Ward & King，2017）。成对道德理论（TDM）认为道德判断的本质是一个有意图性的行为主体（agent）对具有感受性的受害者（patient）造成伤害（harm）的过程（Gray et al.，2012）。因此，道德判断包含一对关键要素：一是做出伤害行为的主体（意图知觉）；二是遭受伤害行为的承受者（痛苦知觉），且两者之间存在因果联系。道德的本质由有害意图和痛苦经历组合而成，具有更明确意图并导致更大痛苦体验的行为应当被认为是更加不道德的（Schein & Gray，2018），也即当成对道德的关键要素越清晰，道德判断速度越快，行为主体对受害者造成的伤害越大，该行为判断为不道德的程度越高（Schein & Gray，2015）。

如果我们的道德知觉模版是成对的，当成对结构明晰时（称为典型道德行为），人们会立即将该行为纳入道德领域并迅速做出道德判断，即使在成对道德结构不完整的时候，个体也会通过感知补全的方式完成它（Schein & Gray，2015；Schein & Gray，2018）。这种感知补全以两种互补的方式发生：第一，当我们看到某人被指责为一个明显的道德主体时，我们会直观地推断另外一个道德角色的存在，即一个痛苦的道德受害者；第二，当我们看到一个受苦的受害者时，我们需要推断出一个承担责任的道德主体来完成成对道德知觉。即使是表面上不存在受害者的事件，当个体将其判定为不道德行为时，个体仍然会补全对道德受害者的感知（Gray et al.，2012）。这种遭罪感可以通过身体伤害、情感伤害甚至精神伤害来解释（Suhler & Churchland，2011）。研究者认为对这种伤害的感知可能来源于事后推理（Ditto，Pizarro，& Tannebaum，2009；Haidt，2001）。人们通过感知到一种象征性或隐喻性的伤害，以合理化对此类事件的责备和谴责。

人们会自动化地完成道德判断的成对结构建构，看到应受责备的加害者会自动建构出受害者，看到痛苦的受害者也会建构出加害者。当痛苦不能归因于人的因素时，人们甚至会责怪非人的因素。例如，在中世纪的法国，某些动物会被当作粮食歉收或是遭遇可怕事故的"施害者"，根据当地的相关法律体系，这些动物会受到相应审判（Humphrey，2003）。更有甚者，将悲剧归因于超自然因素，如上帝、神灵或恶毒的灵魂。人类学家在部落记载中发现许多死亡和疾病归因于巫术的案例（Boyer，2001）。由此可知，人们将自动补全成对结构中缺失的部分，形成完整的道德判断结构感知。

第二节　在线道德训练的实施

一　在线道德训练概述

在线道德训练方案指采用适度和恰当的道德辩论，模拟真实网络社会生活场景，以网络道德认知、网络道德判断、网络道德决策的牵引逐渐提升青年学生的网络道德水平。在第七章我们曾提出，目前主要存在三种道德训练范式：基于道德规则的道德教育（rule-based ethics education）、道德敏感性训练（moral sensitivity training program）和道德思维能力（moral thinking）训练。这些道德训练范式针对人们的道德决策过程设计而成。人的道德决策并非一蹴而就的过程。Rest（1986）提出的道德决策阶段模型认为，人的道德决策包括四个相互独立而又前后联系的阶段，即发现道德问题、做出道德判断、产生道德意图和实施道德行为。其中，道德敏感性训练主要针对发现道德问题阶段，道德规则训练主要针对道德判断阶段，道德思维能力训练则针对道德判断和实施道德行为阶段。

我们开展了两项针对青年学生网络道德失范行为和网络道德失范态度的实证研究。两项研究均揭示了道德认知（道德推脱）在导致青年学生网络道德失范过程中的作用，即黑暗三联征、目标导向均以道德推脱为中介而影响青年学生网络道德失范的行为和态度。因此，我们所设计的在线道德训练拟针对削弱道德推脱的作用，以此抑制青年学生的网络道德失范。考虑到道德推脱是个体道德认知过程的重要组成，因此，我们的方案接近基于道德规则的道德教育。此外，我们的方案还强调青年学生的自主道德决策过程，致力于提升青年学生的道德思维能力。

已有道德训练范式往往是以学习者为中心，强调学习者的学习过程，忽视了教育者在其中的作用。在这些训练范式中，组织机构或教育者提供学习材料，由学习者加以研习和思考。这忽视了学习者本身的局限性。不同学习者存在知识技能、社会经验方面的差异，大多数学习者欠缺道德决策的知识基础，这使得一般学习者往往依赖于自己的道德直觉进行道德选择和道德决策。目前，许多研究者提出不同的理论解释个体做出道德决策的过程，这些理论分别强调了理性、直觉、情绪等在道德决策中的重要影响。例如，Hadit（2001）提出了社会直觉模型（social intuitionist model），认为道德评价主要依靠个体的无意识加工，否认理性对于道德评价的核心作用。该理论认为，道德评价包含直觉和推理两种存在先后顺序的过程，个体进行道德评价时是通过直觉快速找到选择，而认知加工因素只是在需要寻找理由或原因时才开始出现。尽管如此，大多数研究者仍然强调认知加工在道德决策中的作用，认为道德决策是处于认知控制之下的有意识的推理过程，而情绪产生在理性分析之后（Paxton & Greene，2010）。道德训练范式是针对道德认知过程的，而非道德直觉的。我们的在线道德训练方案关注了教育者在其中的作用，即为学习者提供道德决策过程所需要的道德理论、原理和认知工具，以帮助和促进学习者的道德决策质量和成效。

二　在线道德训练过程

（一）建构在线道德训练案例库

通过文献搜集和专家访谈，我们构建了在线道德训练的案例库（见表10-2）。这些案例均涉及道德两难情境。

表 10-2　　　　　　　　　　在线道德训练案例库

	案例名称	道德基础
案例一	网络上下载盗版软件	公平/欺骗
案例二	网络上对未经证实的消息进行跟帖、转发和评论	公平/欺骗
案例三	网络上隐瞒自己真实身份与网友聊天交友	忠诚/背叛

续表

	案例名称	道德基础
案例四	网络刷屏	关怀/伤害
案例五	网络围观	关怀/伤害
案例六	发送广告宣传信息	公平/欺骗
案例七	网络刷单	公平/欺骗

（二）在线道德训练流程

我们以经典电车困境为例，阐述在线道德训练流程。

电车困境有很多版本，主要内容如下：假设你看到一辆刹车损坏的电车冲向轨道前方 5 名工人，他们不知道电车向他们冲来，因此会难以避开而被撞死。你的身旁恰好有一个按钮，你可以按下按钮让电车拐到另外一条铁轨上，这样可以救下这 5 名工人，却会撞死另一条铁轨上的 1 名工人。你是揿下按钮撞死 1 名工人而拯救 5 名工人，还是坐视不管任由电车撞死 5 名工人？对此，功利主义道德认为应该揿下按钮，拯救 5 个人而只杀死 1 个人。因为功利主义者认为，大部分道德决策应根据"为最多的人提供最大的利益"的原则，5 个人的生命比 1 个人的生命更重要，应该牺牲 1 个人的性命而去挽救 5 个人的生命。道义论者则认为，每个人的生命都是无价的，不能简单地认为 5 个人的生命比 1 个人的生命更重要。

1. 平台搭建阶段

搭建虚拟平台，在该虚拟平台上完成道德辩论过程。

2. 道德陈述阶段

将青年学生分为两组。两组学生针对案例所提供的信息，从道德角度思考问题之所在，分别陈述对案例的观点。

以电车困境为例，首先征询所有参与者的意见，按照赞成或反对"揿下按钮"将参与者分为两组（A 组和 B 组）。两组参与者需要尽可能给出做出选择的可能原因，并给出详细的论证过程。

3. 理论分析阶段

理论分析过程由教师完成。首先，教师将该道德两难情境的相关背景知识提供给青年学生。其次，教师分析两组学生论证的认知工具。最后，教师分析两组同学所使用的哲学理论的不足和潜在后果。

以电车困境为例，教师首先陈述道德相对主义和道德绝对主义的基本观点、基本概念和思考框架（见第一节），随后分析两组学生论证过程中是否符合使用意图、责任等认知工具进行论证，最后教师分析道德相对主义、道德绝对主义两种观点的不足及其潜在后果。

4. 道德决策阶段

要求青年学生在教师讲解的基础上，遵照相关背景知识和思考工具，重新做出道德决策并进行论证。

以电车困境为例，要求两组学生重新思考是赞同还是反对"揿下按钮"，并使用教师所提供的思考工具对上述道德决策进行论证。

三　在线道德训练的特点

（一）现实性和理论性相统一

我们设计的在线道德训练案例均来自现实生活，具有真实性和生动性。考虑到青年学生的社会经历有限，思考问题的深度不足，针对道德两难困境缺乏必要的知识储备。在线道德训练方案要求教师深度参与整个训练过程，为学生提供进行道德辩论所需的道德理论（见第一节）和思考道德两难困境的认知工具，保障了道德辩论过程的理论深度和广度。青年学生在此过程中通过两次辩论过程，能够熟悉相关概念和工具的使用，还能够全方位地审视自己的道德决策过程。

（二）指导性和主动性相统一

在线道德训练有效地促进了教师和学生的互动过程。教师在训练过程中发挥着辅助性指导作用，而青年学生是在教师的指导和帮助下，主动地做出相关道德决策的。在辩论过程中，青年学生也可以向老师咨询相关理论背景知识。因此，辩论过程充分发挥了青年学生的主动作用。

（三）规范性和拓展性相统一

我们设计了规范化的在线道德训练过程，以保障在线道德训练的顺利完成及成效。我们还设计了用于在线道德训练的案例库，以帮助对此有兴趣的教育工作者采用。人们可以根据自己的目的和任务，自行选择其中的案例进行在线道德训练；也可以对我们的案例进行改写以适应其需要。考虑到社会生活的复杂性，生活中面临着各式各样的道德两难困境。人们还可以根据经典文献、社会热点等自行设计道德训练案例。在自行设计道德训练方案时，可以参照我们提供的案例以及相应的原理、方法和认知工具。因此，我们的在线道德训练实现了规范性和拓展性有机统一。

第三节　在线道德训练的案例及分析

案例一：网络上下载盗版软件

一　辩题

A：个人在网络上下载盗版软件合情合理，不关乎道德。
B：个人在网络上下载盗版软件违反了网络道德规范。

二　辩论

A 认为个人在网络上下载盗版软件不关乎道德。因为"正版软件的价格太昂贵了；盗版资源在网上唾手可得；这些电影、软件等不知道去哪儿买只能下载盗版了；我身边的人都用盗版；网上的东西可以无限复制，我下载一下也不会给谁造成损失；去实体店买实在是不方便；我只是个人使用又不用于商业用途……"

B 认为个人在网络上下载盗版违反网络道德规范。因为"该行为侵犯了著作权；不尊重软件开发者的劳动成果；没有进行相应的付费；没有征求软件开发者的同意；没有取得授权……"

三　分析

在移动互联网和云计算时代，网络下载盗版软件现象屡屡发生。面对网络上一些无形的财产和产品时，道德会出现双重标准。《社会神经学》刊登的一篇由澳大利亚莫纳什大学心理学家罗伯特·埃雷斯（Robert Eres）等人所作的论文解释道："人们在下载盗版时不容易产生负罪感，因为大脑不承认网上那些无形的信息是一种财产。"埃雷斯等人认为，由于无形资产在人类历史中出现的时间非常晚，人类大脑尚不承认无形物与有形物是同等重要的东西。如果偷是一个物理实体，大脑自动产生负罪感，而如果它是无形的，人们很难下意识地认出来这是什么，需要理智地思考之后主动告诉自己这是错误的。这种猜想称为"先天性知觉假说"（Manesh，2006），将前者定义为一种直觉性的不道德行为反应，后者为有意识的非道德行为过程。通俗点说，我们的大脑天生就不承认摸不到的东西可以和有形的物品一样重要，一把镰刀一定属于什么人，但镰刀是谁发明的，谁做出来似乎显得不那么重要。因此，在道德和法律体系中，都对盗窃和侵权这两个概念加以区分。后者听起来显然要轻量得多。因此，网络道德水平的培养应加强对无形资产使用、处置等行为进行训练。

案例二：网络上对未经证实的消息进行跟帖、转发和评论

一　辩题

A：在网络上对未经证实的消息进行跟帖、转发和评论是网络使用者的自由，不关乎道德。

B：在网络上对未经证实的消息进行跟帖、转发和评论违反了网络道德规范。

二　分析

A 认为对网络上对未经证实的消息进行跟帖、转发和评论是使用者的自由，不关乎道德。理由是"这是网络给予网民的自由和便利；人家都在转发、评论，我也只是顺手转发了一下；这是网络言论自由的表现；我想把我的观点公开让别人能看到；我只是觉得好玩而已……"

B 认为对网络上对未经证实的消息进行跟帖、转发和评论违反了网络道德规范。理由是"未经证实的消息如果是假消息，那就是传播谣言；对当事人很不负责任；转发会造成事态的扩大，造成负面影响；侵犯当事人的隐私……"

三　讨论

网络具有开放性、共享性、虚拟性，人们可以非常方便地发表自己的所看所想，可以随意发表赞扬或者批评，这些跟帖、评论被转发为大众所知晓。基于网络的开放共享性，任何一个网络用户都是明知或应知别人会对其发布的消息进行跟帖、评论或者转发，所以网络用户已经默许了别人的转发评论的权利，除非对自己所发布的消息备注不得转载或者关闭评论功能。所以一般不以营利为目的，没有恶意转发和跟帖，只为个人学习、研究或者欣赏之类的网民，认为对未经证实的消息进行跟帖、转发或者评论没有违反网络道德规范。

但也正是因为网络的开放共享性，在信息爆炸的大数据时代下，真真假假的信息鱼龙混杂，人们对发布在网络上的信息很难做到一一甄别。对一些未经证实的消息进行跟帖、评论和转发就很容易造成以讹传讹，成为事态扩大的助推者。这种情况下对当事人和社会造成负面影响，这种行为会受到人们道德的谴责。如果网络用户、网络服务提供者利用网络侵害他人的权益，还应当承担相应的法律侵权责任。

另外，转发机制是基于用户的默认许可。比如微博存在的基础就是传播别人的所见所思，分享自己的所闻所议，微博主要是以分散式的转播，继而实现信息的交流。如果微博用户不希望自己的作品在微博平台上传播，不希望被他人转发，那么完全可以不在微博上发表内容或者在发布微博的同时标明禁止转发的字样。微博的商业模式就是其共享性（转发），任何一个微博用户都是明知或应知别人会转发其发出的内容的，所以应视为微博用户已经默许了别人的转发权利。在这种情况下，转发也就是微博用户所希望见到的事情了，那么用户即便认为这种转发行为侵犯了其著作权，也是其放任或者积极追求的结果，在法律上也并没有可谴责性。根据《侵权责任法》，此时转发行为人不承担侵权责任。

综上，笔者认为一般不以营利为目的的、没有明显恶意的转发行为是不会构成侵权的。但需要特别指出的是，微博用户的默许转发并非放弃著作权，放弃的只是信息网络传播权，而在发微博的同时特别声明的禁止转载保留的正是著作权中的信息网络传播权。

案例三：网络上隐瞒自己真实身份与网友聊天交友

一 辩题

A：网络上隐瞒自己真实身份与网友聊天交友是网络赋予网友的权利，不关乎道德。

B：网络上隐瞒自己真实身份与网友聊天交友是不道德的行为。

二 分析

A认为网络上隐瞒自己真实身份与网友聊天交友是网络赋予网友的权利，不关乎道德。因为"这是网络带给使用者的便利；有些网站本身就不要求实名注册；不使用真实身份用网名进行聊天交友更具神秘感；塑造好的形象；用不用真实身份是我的自由；网友也是用网名，大家对等……"

B认为网络上隐瞒自己真实身份与网友聊天交友是不道德的行为。因为"在网络社会中要讲究交往的诚信；这是做人的基本原则；隐瞒真实的身份不尊重对方；身份信息不对称，很容易让对方误解……"

三　讨论

根据六度分隔理论（Six Degrees of Separation，Stanley Milgram，1967），一个人和任何一个陌生人之间所间隔的人不会超过六个，也就是说，最多通过六个人你就能够认识任何一个陌生人。[①]六度分隔现象并不是说任何人与人之间的联系都必须要通过六个层次才会产生联系，而是表达了这样一个重要的概念：任何两位素不相识的人之间，通过一定的联系方式，总能够产生必然联系或关系。网络社交作为人们对现实生活社交的一种延伸，通过网络进行社交活动的人越来越多，网络提供给社交活动更为广阔便利的平台。随着网络技术的迅猛发展，网络社交具备操作简单、界面简洁、接入方便的便利，用户可以随时随地进行网络交往，两个素昧平生的人通过网络就实现了聊天交友，有些网站不需要实名认证，这就给隐瞒真实身份带来便利。隐瞒真实身份与网友聊天交友看似是网络提供的便利，但也凸显出不合道德行为规范的隐患，存在不道德行为的风险发生的可能，例如利用亲友关系实施传销、诈骗活动，出现网络舞弊现象，或粉饰自我形象来操纵对方情感等。因此，隐匿网络身份就像一张遮羞布，人们可以在它的掩盖之下完成自己在现实中不被道德允许的愿望，而缺乏判断力的人，心智尚不成熟的青年学生尤其容易被别有用心之人利用，同时也为不法活动提供了庇荫。综上，笔者认为，利用网络的便利可以让我们交到更多朋友，这本无可厚非；但对于涉及金钱交易或其他契约关系的情况，要在熟知双方身份的情况下进行，这种情况下的实名制度既是必要的也是道德的。此外，网民要提高自身的判断力，警惕诈骗手段，青年学生应接受网络交友的相关教育，规避被操纵的风险；相关部门应严厉打击隐匿身份在网上进行不法活动的行为，并加强网络实名制的监管和约束。

---

① Guare, J., Sandrich, J., Loewenberg, S. A. Six Degrees of Separation, LA Theatre Works, 2000.

案例四：网络刷屏

一　辩题

A：个人不停地发布信息进行网络刷屏，不关乎道德问题。

B：个人不停地发布信息进行网络刷屏，是网络道德失范行为的表现形式。

二　分析

A 认为个人不停地发布信息进行网络刷屏，不关乎道德问题。因为"这是个体网民的权利；是网络开放性带来的便利和优势；通过刷屏发布分享信息对网民来说还是有一定价值的，可以引起网友的关注和重视，尤其是一些"真善美"的信息是值得通过刷屏来得到宣传和推广……"

B 认为个人不停地发布信息进行网络刷屏，是不道德的行为。因为"这是网络道德失范的表现，这种行为既占用了网络资源和空间，会使有用的信息被覆盖甚至埋没；又对网民们进行信息轰炸，造成信息污染，严重影响使用网络的愉悦感和便捷性；同时也妨碍了网民之间进行正常聊天等网络社交活动……"

三　讨论

刷屏也作洗板，又叫洗屏，广义指在朋友圈、网络论坛、留言板、BBS 以及即时聊天室、网络游戏聊天系统、弹幕视频网站等短时间内发送大量信息，专指重复相同的内容。刷屏起源于最早在网络上流行的页面聊天室，一般是出于蓄意捣乱或发泄情绪的心理，表现形式是不断地重复发送相同的文字或者符号，连续发出的信息覆盖当前整个屏幕，影响到其他人的正常发言，别人的发言一发布就被很快地淹没下去了，严重影响了聊天室里的正常聊天秩序。

这个过程中群组或社区里的言论和行为的背后折射出网络道德修养。网络群组和论坛实则是一个半公开的地方，它既不是私人的场所也不是完全开放的平台。它需要群组成员共同维护共同遵守，营造舒适清朗的网络空间。因此，网络虽然具有开放性的特性，但是也不能肆无忌惮地占用网络资源，霸占网络空间，以此来强化自己的存在感，阻碍人们浏览有价值的信息。

案例五：网络围观

一　辩题

A：个人在网络围观，不关乎道德问题。

B：个人在网络围观违反了网络道德规范。

二　分析

A 认为网络围观不关乎道德问题。因为"这是鼓励网民积极关心自己切身利益的事情；通过围观达到对正义方的及时声援，发挥支持作用；通过围观达到对非正义方的警戒作用……"

B 认为网络围观违反了网络道德规范。因为"这种行为可能会影响司法公正性；会影响信息传递的真实性；也是网民盲目性和从众心理造成……"

三　讨论

网络围观，是指网民集中关注、发帖、提供信息等，对热点人物、热点事件、热点话题进行大量的点击、跟帖、评论和转发，从而引起网络社会高度关注的一种现象。在网络社会里，大家移动鼠标的手指就是无声的目光。在某些情况下，对热点事件的关注反映了民情民意，有利于政府部门对人民关心的问题进行研究和回应。然而，有时这种无声的目光也会有杀伤力，会达到"千夫所指、无疾而死"的结果。因为网络社会信息更替太快，很多热点事件、热点人物转瞬即过，人们无暇仔细分析事件信息的真伪，也无法做出正确的、理性的判断，因此可能导致谣言漫天，甚至导致事件往不好的方向发展。

案例六：发送广告宣传信息

一　辩题

A：个人通过网络给网民发送广告宣传信息，不关乎道德问题。

B：个人通过网络给网民发送广告宣传信息，违反网络道德规范。

二　分析

A 认为个人通过网络给网民发送广告宣传信息，不关乎道德问题。因为"这是充分利用网络的优势和资源，让网民及时了解并获取各种最新的知识和信息，实现信息的最大化利用；网络传播本身就是最具共享性的传播形式；再者，发送的宣传推广信息对网民来说总有一些益处，可以让网民第一时间了解新的产品信息；这些宣传推广信息如果不去阅读接收，也不会对个人造成影响……"

B 认为个人通过网络给网民发送广告宣传信息，违反网络道德规范。因为"网民每天收到很多不需要的广告宣传信息，各种重复的、虚假的信息泛滥，还要花费时间和精力去处理它们，最关键的是有可能把有用的信息淹没在这些宣传推广信息里面，从而造成损失；另外，这些宣传推广的信息有可能对网民造成误导，从而诱使网民做出一些不理智的消费行为……"

三　讨论

谁都无法否认网络社会的发展带来的信息化革命，信息技术的发展以前所未有的姿态不断深化，给网民们带来获取信息的极大便利，以及信息化带来的高效率，但同时信息技术的异化效应也是非常明显，如未经网民同意向其发送宣传推广信息，造成信息资源的极大浪费，也对正常的网络空间秩序造成困扰，让网民遭受着信息垃圾洪流的冲击和困扰，只能被动地在信息的旋涡里打转。比如经常收到一些"轻轻松松赚大钱""免费成人图片""网上成人用品专卖""轻轻松松兼职""恭喜你中了大奖"之类的垃圾邮件，还有时不时自动弹出的网络广告，令人心烦意乱的短信，防不胜防的即时信息，这些共同构成了现代网络社会信息垃圾。

首先，要完善相关法律法规，加快网络信息传播的立法，同时出台相关的行业规范和法律法规。其次，那些被动受网络垃圾之害的网民要加强网络媒介素养教育，要坚决拒绝接收，不给网络垃圾信息可乘之机。再次，对于发布、传播网络垃圾信息的个人或单位要加大处罚和普法教育力度，从源头上进行遏制。

案例七：网络刷单

一　辩题

A：个人通过网络刷单赚取酬劳，不关乎道德问题。

B：个人通过网络刷单赚取酬劳，违反网络道德规范。

二　分析

A 认为个人通过网络刷单，不关乎道德问题。因为"有些时候只是顺手而已，是个人付出劳动获得报酬的行为；另外通过网络刷单，也是给广大网友分享好的商品，帮助卖家获得好的销量……"

B 认为个人通过网络刷单赚取酬劳，是不道德的行为。因为"这是通过以假乱真的购物方式和写好的评价来吸引消费者，不是对商品真实的评价，这会对消费者造成误导……"

三　讨论

刷单是一个电商衍生词。店家付款请人假扮顾客，用以假乱真的购物方式提高网店的排名和销量，用销量和好评吸引顾客。刷单一般是由卖家提供购买费用，个人帮指定的网店卖家购买商品提高销量和信用度，并填写虚假好评的行为。通过这种方式，网店可以获得较好的搜索排名，比如，在平台"按销量"搜索，该店铺因为销量大会更容易被买家找到。网店通过"刷单"获取销量及好评吸引顾客，按商品价格及数量向"刷单军团"支付佣金。刷单由此滋生了刷客这一职业。刷客，也就是帮助网络卖家赚钱的人。这些刷客有的是孤军奋战，有的是并肩作战，他们主要通过聊天工具进行联系。青年学生加入此列的也不在少数。"刷单""假评论"的行为是不道德的，是虚假的购买和评论，对网友是不负责任的，严重的涉嫌违反《广告法》《反不正当竞争法》《消费者权益保护法》。

附　录

　　本研究不涉及您可能会关心的个人隐私和敏感内容。您是匿名参加本研究的，这样我们无法追踪到您个人的资料。我们向您保证，我们会对您的数据予以保密，绝不会将您的所有信息泄露给任何机构（包括学校和政府机构）和个人。您的个人资料和数据绝不会用于商业用途。

　　您的数据对于科学研究具有重要的学术价值。我们真诚地希望您认真作答。感谢您对我们研究的支持。

　　首先是一些关于您的基本情况的调查

　　1. 您的性别是：□男　□女

　　2. 您的年龄是：□18 岁及以下　□19—20 岁　□21—22 岁　□23 岁及以上

　　3. 您的年级是：□大一　□大二　□大三　□大四

　　4. 您的籍贯是：□城市　□农村　□乡镇

　　5. 您是否是独生子女：□是　□否

　　6. 您是否是学生干部：□是　□否

　　7. 您的政治面貌是：□党员　□团员　□群众

　　8. 您所学的专业属于：□文科　□理科　□工科　□医学　□艺术类　□体育类　□农林　□其他

　　9. 您从最开始上网到现在已经有：□不到 1 年　□1—4 年　□4—7 年　□7—10 年　□10 年以上

　　10. 您每天的上网时间一般是：□1 小时以内　□1—4 小时　□4—7 小时　□7 小时以上

　　11. 上网时，你常常做的事情是（可多选）：□获取信息　□购物支付　□沟通交流　□休闲娱乐　□学习　□其他

问卷一 （网络道德失范行为问卷）

请仔细阅读以下每一道题，并根据自己的实际情况作答。请回答下列描述在您的生活中您所做的频率：1—5 依次代表从不、偶尔、有时、经常、总是，选择符合您的选项。

序号	题目	从不	偶尔	有时	经常	总是
1	逃课去上网	1	2	3	4	5
2	浏览色情网站	1	2	3	4	5
3	浏览色情图片、小说、视频	1	2	3	4	5
4	通宵上网导致无法上课	1	2	3	4	5
5	为了上网，不参加集体活动	1	2	3	4	5
6	随便在网络群组里@别人	1	2	3	4	5
7	下载色情图片、小说、视频	1	2	3	4	5
8	未经他人同意网络上发布他人的图片、视频	1	2	3	4	5
9	因为上网太多，学习成绩越来越差	1	2	3	4	5
10	因为上网太多，身体状况越来越差	1	2	3	4	5
11	未经他人同意泄露别人的信息	1	2	3	4	5
12	匿名在网络上辱骂别人	1	2	3	4	5
13	因为上网太多，人际交往越来越少	1	2	3	4	5
14	在网络上用美德来要求别人作出善举	1	2	3	4	5
15	进行网络刷单	1	2	3	4	5
16	在网络上散布电脑病毒	1	2	3	4	5
17	朋友圈不停地刷屏	1	2	3	4	5
18	在论坛里恶意地灌水	1	2	3	4	5
19	一直给别人发语音留言	1	2	3	4	5
20	盗用别人的 QQ 等网络账号，冒充他人	1	2	3	4	5
21	网络上隐瞒自己的真实身份与网友交往	1	2	3	4	5
22	网络群组里发广告、拉赞助	1	2	3	4	5
23	进行恶意差评	1	2	3	4	5
24	制作不良表情包在网络上发布	1	2	3	4	5

问卷二（网络道德失范态度问卷）

　　下面这些题目调查的是你对这些行为的看法。请仔细阅读以下每一道题，并根据自己的实际情况作答。1—7分别依次代表非常不同意 、比较不同意、有点不同意、不确定、有点同意、比较同意、非常同意。请你从中选择一个最适合自己的选项并打钩。

序号	题目	非常 不同意	比较 不同意	有点 不同意	不确定	有点 同意	比较 同意	非常 同意
1	在网络上发表诽谤性言论	1	2	3	4	5	6	7
2	浏览色情网站	1	2	3	4	5	6	7
3	浏览色情图片、小说、视频	1	2	3	4	5	6	7
4	给他人频繁发邮件	1	2	3	4	5	6	7
5	在网络上发表不当言论	1	2	3	4	5	6	7
6	在网络上发表不实信息	1	2	3	4	5	6	7
7	下载色情图片、小说、视频	1	2	3	4	5	6	7
8	在网络上随意转发不实信息	1	2	3	4	5	6	7
9	对未经证实的信息进行跟帖评论	1	2	3	4	5	6	7
10	观看色情网络主播直播	1	2	3	4	5	6	7
11	在网络中与他人通过文字、语音、视频等与他人进行虚拟性爱	1	2	3	4	5	6	7
12	在网络上发表牢骚抱怨	1	2	3	4	5	6	7
13	通过网络进行色情活动	1	2	3	4	5	6	7
14	朋友圈不停地刷屏	1	2	3	4	5	6	7
15	把群聊变成私人聊天	1	2	3	4	5	6	7
16	一直给别人发语音留言	1	2	3	4	5	6	7

问卷三（道德认同）

请您想象有这么一个人，这个人可能是您，也有可能是您的家人、朋友甚至是陌生人。这个人具有如下9种特征：诚信、正义、有责任心、公平、孝顺、守法、尊重他人、感恩、真诚。您不仅要想象这个人具有上述9种特征，还要想象这个人在日常生活中的所思所想、他/她的情绪体验和行为表现。通过想象，当您感觉自己对这个人的了解非常清晰后，请您继续回答如下问题：

	题目	非常不符合	比较不符合	有点不符合	不确定	有点符合	比较符合	非常符合
1	做一个有这些特征的人让我感觉很好	1	2	3	4	5	6	7
2	成为拥有这些特征的人对我来说很重要	1	2	3	4	5	6	7
3	我觉得按照这些特征约束自己的行为是必要的	1	2	3	4	5	6	7
4	在空闲的时间做的事情（例如：兴趣爱好）表明我具有这些特征	1	2	3	4	5	6	7
5	我希望别人知道我拥有以上特征	1	2	3	4	5	6	7
6	我想努力完善自己，使自己具备这些特征	1	2	3	4	5	6	7
7	我的言行举止能体现我具备这些特征	1	2	3	4	5	6	7
8	我读的书籍、杂志能够表明我拥有这些特征	1	2	3	4	5	6	7
9	我认为具有这些特征会使我的人生更有意义	1	2	3	4	5	6	7
10	具备这些特征令我感到自豪	1	2	3	4	5	6	7
11	我的穿着打扮显示出我是拥有这些特征的	1	2	3	4	5	6	7
12	我渴望成为具有这些特征的人	1	2	3	4	5	6	7
13	我参加的各种社会组织可以向其他人表明我拥有这些特征	1	2	3	4	5	6	7

	题目	非常 不符合	比较 不符合	有点 不符合	不确定	有点 符合	比较 符合	非常 符合
14	我的生活方式能体现我具有这些特征	1	2	3	4	5	6	7

问卷四（道德推脱）

以下陈述您可能同意也可能不同意。请用1—7的数值来表示您对每一陈述的同意程度。其中，1表示非常不同意，7表示非常同意。

题目	非常 不同意	比较 不同意	有点 不同意	不确定	有点 同意	比较 同意	非常 同意
1. 当没有有效的垃圾处理设施时，人们在街上乱丢垃圾就不应受到谴责	1	2	3	4	5	6	7
2. 一些人就不应该存活在世上	1	2	3	4	5	6	7
3. 不说出对我们有利的财务错误并不严重，因为那是收款人士的错	1	2	3	4	5	6	7
4. 相比其他人恣意破坏公物等更为严重的行为，没有任何理由处罚那些在墙上涂鸦的人	1	2	3	4	5	6	7
5. 当整个交通行驶都很快时，司机为了保持车距而超速就不应该受到处罚	1	2	3	4	5	6	7
6. 既然是整个社会导致了环境恶化，那么个人对这一问题的担心就显得没有意义了	1	2	3	4	5	6	7
7. 考虑到乱用公款，逃税漏税就不应该受到谴责	1	2	3	4	5	6	7
8. 对待那些行为粗鲁的人，该以其人之道还治其人之身	1	2	3	4	5	6	7
9. 百货商场的盗窃案对其营业额影响不大	1	2	3	4	5	6	7
10. 通常受到伤害的人是他自己无法避免伤害	1	2	3	4	5	6	7
11. 因为保险公司会对损失进行赔偿，所以失窃不会对零售商带来太大的损失	1	2	3	4	5	6	7

续表

题目	非常不同意	比较不同意	有点不同意	不确定	有点同意	比较同意	非常同意
12. 墙上涂鸦是创新精神的体现	1	2	3	4	5	6	7
13. 如果我们在一次伤害事件中仅起着次要作用，那么无须为此内疚	1	2	3	4	5	6	7
14. 经济交易中的欺诈只是一种战略	1	2	3	4	5	6	7
15. 用强硬的手段使聒噪的人安静下来也是没错的	1	2	3	4	5	6	7
16. 当所有人都违反规则时，就不应该责备个体	1	2	3	4	5	6	7
17. 赌博与其他活动一样只是一种消遣	1	2	3	4	5	6	7
18. 为了科学进步，在高风险实验中用人类做试验也是合法的	1	2	3	4	5	6	7
19. 如果一个人没保管好自己的随身物品，那么被偷是他自己的错	1	2	3	4	5	6	7
20. 如果一个人在争吵中失控，那么他不需要为自己行为后果负全责	1	2	3	4	5	6	7
21. 相比工业造成的巨大污染，在街上乱扔垃圾不应受到惩罚	1	2	3	4	5	6	7
22. 为了保护自己的利益而使用武力也是难以避免的	1	2	3	4	5	6	7
23. 鉴于社会日益普遍的腐败行为，一个人不可避免地会收取他人的好处	1	2	3	4	5	6	7
24. 为了保持家庭完整，即使犯了重罪家人也应尽力对其保护	1	2	3	4	5	6	7
25. 破坏旧事物是说服政府提供新设施的一种方式	1	2	3	4	5	6	7
26. 既然是为了追求速度而制造汽车，那么超速就不是司机的错	1	2	3	4	5	6	7
27. 相比于成人的滥用药物，青少年聚集抽烟就不应受到谴责	1	2	3	4	5	6	7
28. 羞辱和虐待竞争对手是应该的	1	2	3	4	5	6	7

续表

题目	非常不同意	比较不同意	有点不同意	不确定	有点同意	比较同意	非常同意
29. 不告发犯罪的朋友是一种忠诚	1	2	3	4	5	6	7
30. 员工无须为执行老板指示而产生的违法行为负责	1	2	3	4	5	6	7
31. 只有像对待牛马一样，才能迫使某些人去工作	1	2	3	4	5	6	7
32. 背后议论他人只是开玩笑而已	1	2	3	4	5	6	7

问卷五（目标导向问卷）

请用1—7的数值来表示您对每一陈述的符合程度。其中，1表示非常不符合，7表示非常符合。

题目	非常不符合	比较不符合	有点不符合	不确定	有点符合	比较符合	非常符合
1. 我愿意选择一项富有挑战性但令我学到更多知识的任务	1	2	3	4	5	6	7
2. 经常寻找机会学习新技能和知识	1	2	3	4	5	6	7
3. 我喜欢富有挑战性及困难的任务，因为它可令我学习新技能	1	2	3	4	5	6	7
4. 对我来说，发展工作能力是重要的，我愿意为此承担风险	1	2	3	4	5	6	7
5. 我比较喜欢在一个需要高能力和才能的地方工作	1	2	3	4	5	6	7
6. 我在意向别人展现我的绩效（成绩、能力等）比我的同学好	1	2	3	4	5	6	7
7. 我尝试找出向同学证明我能力的方法	1	2	3	4	5	6	7
8. 当其他同学知道我表现杰出时，我会觉得很开心	1	2	3	4	5	6	7
9. 我偏好从事可以让我向他人证明我能力的任务	1	2	3	4	5	6	7
10. 我会避免做那些可能让我表现不如别人的新任务	1	2	3	4	5	6	7

题目	非常 不符合	比较 不符合	有点 不符合	不确定	有点 符合	比较 符合	非常 符合
11. 对我来说，避免显示自己能力不足比学习新技能来得重要	1	2	3	4	5	6	7
12. 我担心从事一些会因表现不佳而表现我能力低的任务	1	2	3	4	5	6	7
13. 我尽量回避一些我可能表现差劲的任务	1	2	3	4	5	6	7

问卷六（黑暗三联征问卷）

请用 1—7 的数值来表示您对每一陈述的符合程度。其中，1 表示非常不符合，7 表示非常符合。

题目	非常 不符合	比较 不符合	有点 不符合	不确定	有点 符合	比较 符合	非常 符合
1. 我倾向于操纵别人以达到自己的目的	1	2	3	4	5	6	7
2. 我习惯于欺骗别人以达到自己的目的	1	2	3	4	5	6	7
3. 我习惯于奉承别人达到自己的目的	1	2	3	4	5	6	7
4. 我倾向于利用别人达到自己的目的	1	2	3	4	5	6	7
5. 我缺乏悔恨之心	1	2	3	4	5	6	7
6. 我不太关心自己的行为是否符合道德规范	1	2	3	4	5	6	7
7. 我冷酷、麻木	1	2	3	4	5	6	7
8. 我愤世嫉俗	1	2	3	4	5	6	7
9. 我希望别人赞美我	1	2	3	4	5	6	7
10. 我希望别人关注我	1	2	3	4	5	6	7
11. 我追求名誉地位	1	2	3	4	5	6	7
12. 我期望从别人那里获得特殊礼遇	1	2	3	4	5	6	7

参考文献

著作：

《马克思恩格斯全集》第 1 卷，人民出版社 1956 年版。

《马克思恩格斯全集》第 20 卷，人民出版社 1971 年版。

《马克思恩格斯全集》第 1 卷，人民出版社 1995 年版。

《邓小平文选》第 2 卷，人民出版社 1994 年版。

《十八大以来重要文献选编（中）》，中央文献出版社 2016 年版。

《习近平谈治国理政》，外文出版社 2014 年版。

《习近平谈治国理政》第 2 卷，外文出版社 2017 年版。

樊浩：《中国道德道德报告》，中国社会科学出版社 2011 年版。

韩进之、王宪清：《德育心理学概论》，人民出版社 1986 年版。

黄向阳：《德育原理》，华东师范大学出版社 2000 年版。

李伦：《鼠标下的德性》，江西人民出版社 2002 年版。

李士群：《网络道德》，北京交通大学出版社 2001 年版。

李亚彬：《道德哲学之维——孟子荀子人性论比较研究》，人民出版社 2007 年版。

理查德·斯皮内洛：《铁笼，还是乌托邦》，李伦译，北京大学出版社 2007 年版。

陆俊、严耕、孙伟平：《网络道德》，北京出版社 1998 年版。

申荷永：《社会心理学原理与应用》，暨南大学出版社 2004 年版。

王贤卿：《道德是否可以虚拟——大学生网络行为的道德研究》，复旦大学出版社 2011 年版。

王以铸、崔妙因：《塔西佗历史》（第一卷），商务印书馆 2011 年版。

王渊：《基于科技道德视角的大学生网络道德教育研究》，中国地质大学出版社 2016 年版。

熊逸：《道可道》，线装书局 2011 年版。

曾广乐：《道德变迁论》，人民出版社 2010 年版。

曾静平、谢永江、詹成大：《拒绝负联网——互联网乱象与治理》，陕西师范大学出版社 2012 年版。

曾钊新、李建华：《道德心理学》，中南大学出版社 2002 年版。

赵盈：《道德习养：破土与新生——网络环境下大学生道德发展研究》，同济大学出版社 2017 年版。

［美］阿拉斯戴尔·麦金太尔：《追寻美德道德理论研究》，宋继杰译，译林出版社 2011 年版。

［法］埃米尔·涂尔干：《社会分工论》，渠东译，生活·读书·新知三联书店 2013 年版。

［法］古斯塔夫·勒庞：《乌合之众：大众心理研究》，冯克利译，中央编译出版社 2000 年版。

［德］赫尔巴特：《普通教育学·教育学讲授纲要》，人民教育出版社 1989 年版。

［美］杰克·D. 道格拉斯等：《越轨社会学概论》，张宁、朱欣民译，河北人民出版社 1987 年版。

［美］凯斯·桑斯坦：《网络共和国——网络社会中的民主问题》，上海出版集团 2003 年版。

［美］凯斯·桑斯坦：《信息乌托邦：众人如何生产知识》，毕竞悦译，法律出版社 2008 年版。

［法］拉罗什福科：《道德箴言录》，新世界出版社 2008 年版。

［法］孟德斯鸠：《论法的精神》，张雁深译，商务印书馆 1982 年版。

［英］尼尔：《巴雷特数字化犯罪》，辽宁教育出版社 1998 年出版。

［澳］汤姆·弗雷斯特、佩里·莫里森：《计算机道德学——计算机学中的警示与道德困境》，陆成译，北京大学出版社 2006 年版。

［美］温德尔·瓦拉赫、科林·艾伦：《道德机器：如何让机器人明辨是非》，王小红主译，北京大学出版社 2017 年版。

［英］休谟：《道德原则研究》，曾晓平译，商务印书馆 2006 年版。

［英］亚当·斯密：《道德情操论》，商务印书馆 1997 年版。

［英］亚当·斯密：《道德情操论》，王秀莉译，上海三联书店 2008

年版。

［美］亚历山大·米克尔约翰：《表达自由的法律限度》，侯健译，贵州人民出版社 2003 年版。

［美］约瑟夫·P. 德马科、理查德·M. 福克斯：《现代世界道德学新趋向》，石毓彬等译，中国青年出版社 1990 年版。

论文：

陈茜：《大学生网络道德失范行为的主要特征及其有效防范与教育对策研究》，《当代教育论坛》2009 年第 4 期。

蔡荣英：《网络失范问题与应对策略》，《教育探索》2008 年第 12 期。

曹天航：《主流意识形态视域下网络道德建构的范式探究》，《苏州大学学报》（哲学社会科学版）2017 年第 5 期。

刁生富：《在虚拟与现实之间——论网络空间社会问题的道德控制》，《自然辩证法通讯》2001 年第 6 期。

代晓利：《智能算法下的媒介道德失范与价值建构》，《淮海工学院学报》（人文社会科学版）2019 年第 7 期。

傅慧芳、张君良：《公民网络表达的迷失进路》，《理论探讨》2011 年第 2 期。

高宪春：《智媒技术对主流舆论演化的影响研究》，《现代传播》2019 年第 5 期。

龚天平：《人的全面发展的道德维度》，《哲学研究》2006 年第 4 期。

韩妍：《浅论马克思主义自由观及当代价值》，《学理论》2013 年第 32 期。

胡百精：《危机传播管理对话范式（下）——价值路径》，《当代传播》2018 年第 3 期。

郝文清等：《归因理论在思想政治教育中的应用》，《淮北煤炭师范学院学报》2004 年第 6 期。

黄河：《网络虚拟道德的内在理论及其论域》，《理论导刊》2018 年第 9 期。

何丽青、陈勃：《唤醒道德自省潜能的途径分析》，《江西师范大学学报》（哲学社会科学版）2006 年第 4 期。

罗艺、李久戈：《大学生网络话语失范现象的解读研究》，《思想政治教育研究》2017 年第 2 期。

鲁珂、蒋梦麟：《德育思想及其在北京大学的实践》，硕士学位论文，华中科技大学，2016 年。

李一：《网络失范行为的形态表现、社会危害与治理措施》，《内蒙古社会科学》2007 年第 6 期。

李玉华、闫峰：《大学生网络道德问题研究现状与思考》，《思想教育研究》2011 年第 11 期。

李兴兵：《网络信息传播中群体心理演化建模与仿真》，《网络安全技术与应用》2020 年第 3 期。

鲁宽民、徐奇：《网络发展与网络意识形态安全维护的逻辑关系》，《学校党建与思想政治教育》2017 年第 5 期。

卢阳旭、何光喜：《我国人工智能治理面临的机遇和挑战基于科技公共治理视角》，《行政管理改革》2019 年第 3 期。

刘利萍：《网络道德与网络安全》，《贵州大学学报》（社会科学版）2002 年第 4 期。

刘海龙：《网络直播的监管困局及其长效机制的构建》，《传媒》2018 年第 21 期。

刘伟：《网络表达治理中的政府角色：治理逻辑、现实图景与路径探讨》，《电子政务》2016 年第 7 期。

刘丽萍：《大学生网络道德失范的现状及对策研究》，《高教学刊》2016 年第 20 期。

刘儒德、沈彩霞、徐乐、高钦：《儿童基本心理需要满足对上网行为和上网情感的影响：一项追踪研究》，《心理发展与教育》2014 年第 1 期。

刘彦尊：《道德认知发展教育理论观照下的信息道德教育研究》，《外国教育研究》2009 年第 4 期。

刘科、刘志勇：《责任的落寞，大数据时代的信息道德失范之痛》，《山东科技大学学报》（社会科学版）2017 年第 10 期。

廖传景：《青少年网络德育新视角：网络道德心理教育》，《哈尔滨学院学报》2005 年第 4 期。

彭小兰、李萍：《网络道德失范的类型、特质及其应对路径》，《深圳大学学报》（人文社会科学版）2012 年第 5 期。

彭红艳：《基于道德主体能力培养的大学生道德教育创新论析》，《思想理论教育导刊》2017 年第 5 期。

孙立新：《浅谈当前网络道德的特征及其规范》，《辽宁师专学报》（社会科学版）2008 年第 1 期。

宋小红：《网络道德失范及其治理路径探析》，《中国特色社会主义研究》2019 年第 1 期。

田秀娥、闫小鹤：《青年学生网络道德教育研究述略》，《思想教育研究》2006 年第 3 期。

田鹏颖、戴亮：《大数据时代网络道德规制研究》，《东北大学学报》（社会科学版）2019 年第 3 期。

汤怡：《网络传播视域下的道德失范与道德规制》，《武汉大学学报》2010 年第 32 期。

汪雅倩：《"新型社交方式"：基于主播视角的网络直播间陌生人虚拟互动研究》，《中国青年研究》2019 年第 2 期。

王力尘、翟晨：《大学生网络道德的养成教育研究》，《辽宁工业大学学报》（社会科学版）2015 年第 2 期。

《习近平在山东考察时强调认真贯彻党的十八届三中全会精神　汇聚起全面深化改革的强大正能量》，《人民日报》2013 年 11 月 29 日第 1 版。

奚冬梅、王民忠：《网络道德与现实道德的哲学关系辨析》，《学校党建与思想教育》2013 年第 1 期。

徐建军、曹清燕：《高校学生网络舆论引导刍议》，《现代大学教育》2014 年第 4 期。

杨佳佳、曲燕：《网络社会学视角下大学生网络道德现状研究》，《南京医科大学学报》（社会科学版）2015 年第 5 期。

尹翔：《网络道德初探》，《山东社会科学》2007 年。

岳瑨：《大数据技术的道德意义与道德挑战》，《马克思主义与现实》2016 年第 5 期。

喻昕、许正良：《网络直播平台中弹幕用户信息参与行为研究——基于沉浸理论的视角》，《情报科学》2017 年第 10 期。

颜峰、徐建军：《我们对加强网络道德教育的认识和做法》，《思想理论教育导刊》2001 年第 5 期。

叶通贤、周鸿:《大学生网络道德失范的行为及其对策研究》,《河北师范大学学报》(教育科学版) 2009 年第 2 期。

于冬梅、韩贝贝:《计算机网络道德失范的类型成因及建构路径》,《神州》2018 年第 26 期。

张锋兴:《大学生网络道德失范行为的成因探析》,《广东社会科学》2010 年第 2 期。

赵子忠:《媒体融合与两个舆论场》,《光明日报》2014 年 11 月 8 日第 4 版。

外文:

Aquino, K., & Reed, A. (2002). The Self-importance of Moral Identity. Journal of Personality & Social Psychology, 83 (6), 1423-1440.

Bandura, A. (1999). Moral Disengagement in the Perpetration of Inhumanities. Personality and Social Psychology Review, 3 (3), 193-209.

Baron, R. M., & Kenny, D. A. (1986). The Moderator-mediator Variable Distinction in Social Psychological Research: Conceptual, Strategic, and Statistical Considerations. Journal of Personality and Social Psychology, 51 (6), 1173-1182.

Bok D. C. Universities and the Future of America. Duke University Press. 1990.

Christie, R., & Geis, F. L.. Studies in Machiavellianism. New York: Academic 1970.

Denegri-Knott & Taylor: The Labeling Game a Conceptual Exploration of Deviance on the Internet. Social Science Computer Review, 2005 (23).

Graham, J., Nosek, B. A., Haidt, J., Iyer, R., Koleva, S., Ditto, P. H. (2011). Mapping the Moral Domain. Journal of Personality and Social Psychology, 101 (2), 366-385.

Gray, H. M., Gray, K., & Wegner, D. M. (2007). Dimensions of Mind Perception. Science, 315 (5812), 619-619.

Gray, K., Young, L., &Waytz, A. (2012). Mind Perception is the Essence of Morality. Psychological Inquiry, 23 (2), 101-124.

Guare, J., Sandrich, J., Loewenberg, S. A. Six Degrees of Separation,

LA Theatre Works, 2000.

Haidt, J. (2001). The Emotional Dog and Its Rational Tail: a Social Intuitionist Approach to Moral Judgment. Psychological Review, 108 (4), 814-834.

Haidt, J., & Graham, J. (2007). When Morality Opposes Justice: Conservatives Have Moral Intuitions that Liberals May not Recognize. Social Justice Research, 20 (1), 98-116.

Hodson, G., Hogg, S. M., & MacInnis. C. C.. The Role of Dark Personalitie (Narcissism, Machiavellianism, Psychopathy), Big Five Personality Factors, and Ideology in Explaining Prejudice. Journal of Research in Personality, 43, 2009.

Janoff-Bulman, R., & Carnes, N. C. (2013a). Surveying the Moral Landscape: Moral Motives and Group-based Moralities. Personality and Social Psychology Review, 17 (3), 219-236.

Janoff - Bulman, R., & Carnes, N. C. (2013b). Moral Context Matters: a Reply to Graham. Personality & Social Psychology Review, 17 (3), 242-247.

Janoff-Bulman, R., Sheikh, S., & Hepp, S. (2009). Proscriptive Versus Prescriptive Morality: Two Faces of Moral Regulation. Journal of Personality and Social Psychology, 96 (3), 521-537.

Kohlberg, L. (1969). Stage and Sequence: The Cognitive - developmental Approach to Socialization. New York, N. Y. : Rand McNally.

Kohlberg, L. (1971). From is to Ought: How to Commit the Naturalistic Fallacy and Get Away with It in the Study of Moral Development. In T. Mischel (Ed.), Cognitive Development and Epistemology (pp. 151-235). New York, NY: Academic Press.

Piaget, J. (1932). *The Moral Judgment of the Child*. Oxford, England: Harcourt, Brace.

Piaget, J. (1965). The Stages of the Intellectual Development of the Child. In B. A. Marlowe & A. S. Canestrari (Eds.), Educational Psychology in Context: Readings for Future Teachers (pp. 98 - 106). Thousand Oaks, CA: Sage.

Reed, A. , Aquino, K. , & Levy, E. (2007). Moral Identity and Judgments of Charitable Behaviors. Journal of Marketing, 71 (1), 178-193.

Rest, J. R. (1986). Moral Development: Advances in Research and Theory. New York: Praeger.

Waytz, A. , Gray, K. , Epley, N. , & Wegner, D.M. (2010). Causes and Consequences of Mind Perception.Trends in Cognitive Sciences, 14 (8), 383-388.

后　记

　　网络在带给人们便利的同时，网络世界的虚拟性、开放性、去中心、去边界、扁平化等特征，导致了诸如网络暴力、网络色情、网络诽谤、网络欺骗、网络滥用、网络抄袭、网络谣言等网络道德失范现象和行为的产生。尤其是新冠肺炎疫情发生以来，疫情防控成了常态化机制，人们有了更多的网络生活空间和时间。随着网络直播爆发式增长，网络表达也呈现出多元态势，网络社会鱼龙混杂更加警醒人们要关注网络生态建设，减少乃至避免网络道德失范行为的发生，共建清朗网络空间。

　　本书坚持马克思主义的基本立场，对青年学生网络道德失范行为和态度进行实证研究，提出青年学生网络道德失范纠偏应对体系。从网络道德训练和网络道德养成教育入手，构建网络道德动机、情感、能力、决策四大训练体系以及学校、家庭、社会三位一体的网络道德养成路径，创新性提出青年学生在线道德训练方案以及案例，以期建立网络道德新秩序，培育健康向上向善的网络文化，营造良好的网络生态，从而形成正确的网络道德观，促进青年学生身心健康发展。

　　从根本上而言，网络社会是现实社会的延伸，网络道德同样也是现实社会道德在网络社会中的延伸和发展。5G 时代，人工智能的加持、大数据的广泛应用，网络社会迎来蓬勃发展黄金期，所表现出来的道德失范现象和行为也在不断发展和变化过程中，如果有可能笔者将进一步对此展开研究。唯有不断地进行调整，及时系统有效地应对，共同提升网络主体的道德素养和网络环境，彰显网络文化育人功效，为青年学生健康成长成才助力。

　　在整个研究过程中，笔者参考并吸收了前辈学者们的很多真知灼见，谨此表示诚挚的谢意！在本书的写作过程中获得了很多朋友的帮助，尤其要感谢刘快、远征南、邵晓露等学弟学妹的大力支持。同时感谢浙江传媒学院给予我关心和帮助的领导及同事们！当然，由衷感谢我的家人，如果没有他们的理解和支持，我很难完成本书的写作，尤其是小女儿，周末放学回家经常会问我："书写得怎么样？"每次我都很汗颜，就像学生没有及时完成作业一样。

限于笔者的学识，书中的疏漏和不足恳请读者批评指正。

潘红霞

2020 年 11 月于杭州